一路向南
一部极地探险史

SOUTH
THE RACE TO THE POLE

[英]彼得 · 范德梅韦(PIETER VAN DER MERWE)
[英]杰里米 · 米歇尔(JEREMY MICHELL) 编著
刘 萌 译

陕西新华出版
陕西人民出版社

图书在版编目（CIP）数据

一路向南：一部极地探险史/（英）彼得·范德梅韦（Pieter van der Merwe），（英）杰里米·米歇尔（Jeremy Michell）编著；刘萌译. —西安：陕西人民出版社，2024.9

书名原文：South：The Race to the Pole
ISBN 978-7-224-14830-5

Ⅰ.①一… Ⅱ.①彼… ②杰… ③刘… Ⅲ.①极地—探险—历史 Ⅳ.①N816.6

中国国家版本馆 CIP 数据核字(2023)第 005766 号

著作权合同登记号　图字：25-2023-317

出 品 人：赵小峰
总 策 划：关　宁
策划编辑：李　妍
责任编辑：李　妍
整体设计：姚肖朋

一路向南：一部极地探险史

编　　著　[英]彼得·范德梅韦　杰里米·米歇尔
译　　者　刘　萌
出版发行　陕西人民出版社
　　　　　(西安市北大街 147 号　邮编：710003)
印　　刷　陕西龙山海天艺术印务有限公司
开　　本　787 毫米×1092 毫米　1/16
印　　张　15.75
字　　数　205 千字
版　　次　2024 年 9 月第 1 版
印　　次　2024 年 9 月第 1 次印刷
书　　号　ISBN 978-7-224-14830-5
定　　价　79.00 元

如有印装质量问题，请与本社联系调换。电话：029-87205094

推荐序

一部关于极地科考的饕餮盛宴

2023年年末，刚从译者手中接到书稿时，我竟然没有太把它当回事——我甚至认为抽出未来几天当中的业余时间就可以全部读完，再凭着感觉写出一篇序文。

随后，我发现自己太自以为是了——阅读之后自然会产生趁热打铁，很想感慨一番的冲动；然而，这十几万字的内容却涉及异常丰富的信息量和过于庞杂的知识结构体系——也就是四个字——“干货满满”。我用了超过两周时间，才勉强把这些文字全部消化掉。

“英雄时代”（The Heroic Age），这是百余年前西方媒体在报道南极探险活动当中惯用的一个术语，指19世纪末到20世纪初，英、美、德、法、挪威、瑞典等西方强国和北欧国家的相关人士，先后组织了十余次前往南极大陆的探险与科考活动，本着无畏气概和牺牲精神创造了一系列惊人的壮举。在这些极地探险家当中，知名度最高的人物，就是在1911年11月对南极点发起冲击，在次年3月的回程中遭遇极端恶劣天气不幸遇难的英国海军军官斯科特。他遇难之后，英国政府和媒体立即展开全面的赞颂，将他这次并不成功的探险行为描绘成一幕悲剧史诗，甚至将他的公众形象过度褒扬，使之圣化，显擢到英国“民族英雄”的程度。在此后的半个多世纪里，还有数位传记作家也对他产生兴趣，以他为核心人物著书立说。比如奥地利作家斯蒂芬·茨威格（Stephan Zweig）就在1927年出版了《伟大的悲剧》。这部著作的中译本甚至在几年前被选入人教版七年级语文课本。经过西方社会成熟的出版行业的反复烘托和一系列畅销书绵绵不绝的勾勒，又进一步、全方位地渲染了斯科特高大光辉的正面形象。

然而，今天这本书的书名是《一路向南：一部极地探险史》，英文原文是*South: The Race to the Pole*。一看到这个书名，我产生一种久远且模糊的记忆。原因是这样的：

就在1979年，另一位传记作家亨特·福德（Roland Huntford）出版了《地球尽头：斯科特与阿蒙森冲击极点的竞赛》（*The Last Place on Earth: Scott and Amundsen's Race to the South Pole*）一书。这是一本在当时属于“反常规”的著作。亨特·福德没有老生常谈地赞美悲剧英雄，而是将斯科特与其探险事业的竞争者、同时对南极点发起冲击的挪威探险家阿蒙森进行了细致对比。在准备防寒衣物、选择运输物资的畜力，以及食物的选择与配给、燃料供应、人员培训，乃至路线规划与补给点设置等方面，阿蒙森表现得更加沉稳果断，他做出的判断也更加科学且周全。而斯科特在其性格、人品、学识和领导能力等诸方面都存在严重缺陷，这个人表现得偏执、自负，他领导的“科考探险”出现了若干不尊重科学的行为，正是他的一意孤行，才让自己付出生命的代价，导致这场悲剧的发生。随后十几年，亨特·福德又接连出版了《斯科特与阿蒙森》（*Scott and Amundsen*）、《沙克尔顿的旅程》（*The Shackleton Voyages*）等作品。除了继续进行对比式的描述以外，作者还把更多的注意力对准了同一历史时期的其他南极科考探险家。

亨特·福德的这些作品出版之后，立即引起轩然大波，对相关历史学界和公众认知都产生了颠覆性的震撼，并至少产生了三个结果：

第一，斯科特被营造了半个多世纪的完美形象逐渐崩塌，成为褒贬不一的争议人物；

第二，公众注意力转向斯科特的竞争者——和他处于同一时代，同样对南极展开科考探险的其他探险家；

第三，媒体和出版行业不再将描述的焦点过度集中在探险家个人身上，而是相对理智地讲述他们所处的那个时代，向今人阐述当时的时代背景和社会风气。

《一路向南：一部极地探险史》就是将这三点紧密结合在一起的著作。一方面，作者将斯科特、阿蒙森和沙克尔顿等同时代的探险家放在一起，以比较的方式平铺直叙，并不过分突出其中的某一位，行文风格简洁，不拖泥带水，描述过程冷静客观；文中直接讲述探险活动的篇幅相对有限，却用更多更具体的内容去陈述为了组织探险而做的各种前期准备工作，尤其重点突出在 19 世纪末到 20 世纪初，自然科学研究的重大突破和高新技术的飞速发展与应用对南北两极探险事业所提供的显赫技术支持。另一方面，作者又对这个时期的时代背景和社会发展进行了细致的描述，用清晰、准确的文字告诉读者，这些探险家的举动，从一开始就不是单纯的科学考察，而是其背后的强大帝国展开舆论攻势、打着“爱国”旗号进行宣传的素材。处在后维多利亚时代又面临着与其他帝国主义国家进行“大国竞争”的英国，亟须物色新的英雄，急于通过新的“壮举”来获得更多的民族自豪感。有线电报和海底电缆已经铺设到“日不落帝国”的每个地方，报社用娴熟的新闻报道技巧去炒作英雄，广告赞助模式全面涉入科考事业……当人类社会已然进入第二次工业文明的“新科学曙光时代”，新兴的新闻传媒行业、出版行业和商业广告代言活动，都对人类最后一次地理大发现产生了不可忽视的影响。

作为一部讲述极地科考和地理探索的作品，这本书是少不了地图的。在过去的两周多时间里，我在网上找到大比例的南极洲地形图，将书中所陈述的地点逐一进行标注和对比，以图文结合的方式去进行阅读和理解。我之所以耗费很长时间才消化这些内容，主要原因就是必须采取这种图文结合的方式进行阅读和理解。

人类的历史，本质上是和大自然做斗争的漫长过程。我们先观察自然，敬畏自然，继而探索自然，最后才敢循序渐进地有限改造自然。百余年前人类对南极展开的一系列科考与探险活动特点也不例外。

秋原：

当代历史学家，著有《地虎噬天王》《茶馆之殇》等多部作品

SOUTH

THE RACE TO THE POLE

序

1773 年 1 月，库克（Cook）船长在他的第二次太平洋航行中，首次穿越了南极圈，他本想寻找长久以来就存在于人们想象中的“伟大的南方大陆”，但最终在南纬 71 度线上被坚不可摧的浮冰所阻挡。库克船长不知道的是，他实际上已经深入南极半岛的北部地带。该半岛非常狭长，一直延伸至南美洲附近。直到 19 世纪 30 年代，商业捕鲸者、海豹猎人和海军探险家们才开始慢慢地勾勒出南极海岸岬角以及绵延的海岸线的轮廓，从而开启了极地探险“英雄时代”的第二幕，这一幕将一直持续到第一次世界大战。撇开库克不谈，直到 1815 年击败拿破仑之后，英国皇家海军才开始逐渐揭开沟通大西洋和太平洋的西北航道的神秘面纱。1845 年，约翰 · 富兰克林爵士（Sir John Franklin）率领一支远征队启航，经过多次搜寻才终于发现了这条航道，但这一壮举除了赢得崇高声誉之外并没有什么实际价值，因为这条航道并不适合商业航行，而

7

富兰克林远征队也以全军覆没的悲剧性结局告终。

到了 1876 年，英国皇家海军也证实无法通过海上航路抵达北极。此后，人们便将主要注意力转向了南方。最早把目光投向南方的是一些从事海上贸易的人，包括商业捕鲸者和海豹猎人，他们已经在很大程度上耗尽了传统意义上的北极区域的资源。随着人们对南大洋的兴趣日益浓厚，亟须对这片海域进行更好的测绘和科学调查。在那里，一个冰雪覆盖、无人居住、近海自然资源明显比北极更为丰富的新大陆正在慢慢浮出水面——谁知道岸上还会有什么好东西呢？随着这片新大陆褪去了神秘的面纱，各国的野心也开始萌发，纷纷想将它据为己有。这些科学调查、领土主张和相互竞争引发了“前往南极的竞赛”，以及 1914 年人类首次横穿南极的尝试——当时第一次世界大战才刚刚开始。上述这两件事，都属于英国引以为傲的民族传统中的高光时刻，既包含英雄式的失败，也展现了“锐意进取”比赢得胜利更为重要的价值观。阿蒙森是一位富有创造性思维的挪威人，他最终赢得了前往南极点竞赛的冠军。斯科特上校是一名皇家海军军官，他试图用传统的英国方式来满足帝国的期许，最后勇敢地献出了生命。还有欧内斯特·沙克尔顿（Ernest Shackleton），另一位传统意义上的“局外人”，尽管他率队横贯南极大陆的尝试失败了，但却成功使两支探险队幸存下来，至今仍被视为现代领导力的典范。

8

这就是这本书所要讲述的故事，作为第二版（首版于 2000 年推出），这本书的内容将更加丰富，更注重图文并茂。在新版中，我们将逐一为读者展示从博物馆广泛收集的跟极地探险有关的收藏品，包括印刷品、绘画、船舶线图和照片，乃至个人物品、极坐标图和导航设备。值得一提的是，本书是伴随着新的“极地世界”画廊（囊括了南北两极的探险活动）开幕而出版的几本图书之一，该画廊也是 2018 年英国国家海事博物馆的最新展出项目——“探索之翼”的一部分。非常感谢彼得·范德梅韦（Pieter van der Merwe）为本书的初版和新版所做的工作，还要感谢其他贡献者，尤其是船舶线图和历史照片策展人杰里米·米歇尔（Jeremy Michell），感谢他对最后一章进行了扩充。最初，本书的故事以 20 世纪 20 年代阿蒙森和沙克尔顿的去世结束，但杰里米·米歇尔为本书增添了新的内容，还补充了大量照片、图注和说明。

自 2000 年以来，南极洲发生了很大变化。为了进行科学研究，特别是与气候变化及其影响有关的科学研究，现在各国已经在南极设立了许多永久性的研究站，并定期发回越来越多的报告。此外，它仍然是那些喜欢挑战自我的人所向往的地方，甚至普通人也可以搭乘专门的游轮前往南极，令其成为一个颇受欢迎的休闲目的地。它的景观包括第一次南极探险“英雄时代”所留下的“历史”建筑、遗址和被废弃的历史物品，这些物质遗产现在正受到广泛和积极的保护。

我谨代表博物馆的每一名工作人员希望你能喜欢这本书，并欢迎大家在“极地世界”画廊通过藏品发现更多令人兴奋的故事。

凯文 · 福斯特博士：

皇家格林尼治博物馆总馆长兼英国国家海事博物馆馆长

目 录

第一章
白色荒漠

世界尽头的冰封大陆

大多数人对南极的了解还比不上对月球的了解。南极，这块位于世界尽头的冰封大陆从面积上看排名第五，比欧洲和大洋洲更大，但直到 19 世纪早期，它不仅远远超出人类的视野，而且也超出人类的想象。

沿着通往比尔德莫尔冰川的通道向上看的情景，
左边是希望山。斯科特上校拍摄于1911年12月9日。

神秘的冰雪世界

南极洲的面积约为 1420 万平方千米，足以覆盖美国和整个中美洲。而且，南极两个大海湾中的任何一个——罗斯海（Ross Seas）和威德尔海（Weddell Seas），都有法国和英国加在一起那么大。除了一小部分海岸线和山脉的山峰之外，它被 2900 万立方千米的冰层永久地覆盖着，这些冰的厚度在 2 千米到 3.6 千米之间。事实上，南极的冰盖已经存在了至少 2500 万年。它的重量是如此之大，以至于在某些地方，它把地面压到了海平面以下数百米的地方。

11

南极的冰层中蕴含着全世界超过 90% 的淡水。如果它全部融化，地球将会变得不适合人类居住，因为这会导致海平面上升 45—60 米，地球的陆地将会变得面目全非，我们现今所熟知的大部分岛屿和沿海国家都会被海水淹没。届时，在纽约、伦敦和其他主要沿海城市中，只有被遗弃的高层建筑的顶端会露出水面。从这些“腐烂的墓碑”向远处眺望，通常只会看到许多新的岛屿，而无法发现广阔的陆地，即使你看得足够远，也只能在遥远的地平线上捕捉到它们的踪迹。

南极洲的大小相当于澳大利亚和印度尼西亚的总和，但看起来与两者大不相同。南极洲东部或被称为“大南极洲”（Greater Antarctica）的岩石高原上，耸立着横贯整个大陆的山脉，其海拔高度可以达到2000—4000米。这片区域是整个大陆最古老的地方，其大部分位于本初子午线的“右侧”（即东半球），经度为180度。

12

> 上帝啊，这地方太可怕了！
>
> ——1912年1月17日，身处南极的斯科特记述道。

在这个区域内，即使是冰层之下的土地，也仍然属于高地，平均海拔约460米。相比之下，南极洲西部或被称为“小南极洲”（Lesser Antarctica）的区域大部分位于本初子午线的“左侧”（即西半球），是一片在地质学上较为年轻的区域，其中包括长达1290千米的南极半岛。该半岛一直延伸至南美洲，它末端的面积在罗斯海和威德尔海之间突然增大，但分裂成许多大小不一的群岛。

化石记录显示，史前的南极洲曾经是一块气候温暖、生命繁盛的地区，然而，要使其解冻并再次恢复元气却几乎是一件不可能的事情（除非人为制造的全球变暖持续下去）。值得一提的是，由于冰层和下面的岩石是密不可分的，因此到目前为止，南极洲不仅是地球上最冷的地方，也是最高的地方，其冰面的平均海拔高度在2130—2440米之间。这个数据是世界地表高度排名第二的大洲——亚洲的两倍多，亚洲的平均海拔只有915米。南极点的海拔高度更是达到了2900米，所以欧洲人的南极之旅绝不是人类和气候在一个公平环境下所进行的比拼，而是一个不断向上爬的过程，考验的实际上是人类的耐力。通常，在这个高度进行攀登的都是专业登山运动员。

13

极地冰盖最初是如何形成的？关于这个问题，目前至少有五种理论。其中之一说冰盖之所以能存在至今，有部分原因是源于它巨大的热惯性和较高的海拔，且南极在短暂的夏季所直接接收到的太阳热量也无法被吸收，而是被自身的白色地表反射到宇宙中去。还有一个原因就是南极被南大洋（Southern Ocean）寒冷的水域所包围。然而，这片水域的生物资源十分丰富，尤其对捕鲸者和海豹猎人而言，人类在19世纪首次对该地区产生商业方面的兴趣也是出于这方面原因。

或许，最值得注意的问题是：维持南极大陆冰层覆盖的因素为何这样少呢？其中一个因素是，南极上空的云层尽管来自温暖的海洋，却在向北飘移的过程中变得又高又薄，阻碍了热量的积累。此外，这还导致南极的降雨量异常稀少，除了偶尔在海上下几场雨之外，陆地几乎从不降雨。南极的降雪量同样少得惊人，平均来看，南极一年的降雪量仅相当于 16.5 厘米的降雨量。受高海拔冷空气的影响，南极内陆地区要比世界上的温带地区干燥得多，南极点的降雨量甚至还不到 5 厘米。而且，由于南极大陆大部分地区的温度常年保持在冰点以下，覆盖的冰雪很少会融化。

这是一片广袤、干燥、极度寒冷的荒漠，是在人类难以想象的、久远的时间长河里一层一层地累积起来的。在这里，没有东西会腐烂。南极内陆曾发现过数千年前的海豹木乃伊。斯科特（Scott）的一条狗在死后近一个世纪仍看守着他的大本营，尽管它早已干枯，却仍展现出龇牙狂吠的姿态。南极唯一的本地植物是散布在裸露岩石上的地衣和苔藓，它们具有极强的适应性，但大部分生长在海岸附近。其他所有的生命都生活在海里或来自海里，海豹和企鹅是唯一能在南极大陆上进行繁殖的大型动物。

在 8 月和 9 月的南极严冬，其沿海地区的平均气温为 –20℃ ~ –30℃，内陆地区为 –40℃ ~ –70℃。夏季，南极内陆的温度保持在 –20℃ ~ –35℃之间，海岸的温度在冰点附近徘徊，但南极半岛也能短暂地上升到 15℃。相比之下，北极地区要温暖得多，正常情况下，夏季和冬季的平均气温分别为 0℃和 –20℃ ~ –35℃，北极实际上是一块被大陆包围的冰冻海洋，而南极的物理特性与之正好相反（是被海洋包围的大陆），就像两者极性相反一样。地球上的最低温度是 –89.2℃（1983 年），接近海平面的最低温度是 –60℃，这两个记录都出现在南极。在这样的低温下，燃油都凝结成胶状。

14

迄今为止，对人类来说，冰天雪地的南极还有另一个最糟糕的自然现象，那就是其常年刮着的凛冽寒风，因为，风速每增加一节就会令人的生理温度下降一度。在这种情况下，冻伤成为一种常见的威胁，而一旦发生事故或者计划不周，那么人很容易就会因为体温过低而迅速死亡。这些都是斯科特和沙克尔

南极西部冰原和山脉的壮观景象。2016 年 10 月 31 日，由美国国家航空航天局执行“冰桥行动”的人员从飞机舷窗拍摄。

顿这一代人所面临的危险，他们身上只穿着那些由天然材料所制成的服装，比如羊毛、丝绸等，这些材料的保暖效果是无法与现代合成纤维相比的，但他们既不是第一批也不是最后一批面临这些危险的人。

在南极洲，狂风无处不在。其周围的南大洋是世界上风暴最频繁的海域，在平静的情况下都会有 4.5 米高的巨浪。寒冷的极地空气在南纬 50 度附近与温暖的洋流交汇，不断在所谓“南极辐合带”（Antarctic Convergence）周围产生大风和气旋风暴。在整个世界范围内，这些风暴自西向东无休止地相互追逐，在海上掀起了一阵阵巨浪，除了亚南极群岛（Sub-Antarctic）等岛屿外，没有什么陆地能阻挡它们。在被称为“咆哮西风带”（roaring forties）的纬度区域，像“卡蒂 · 萨克号”（Cutty Sark）这样的快船通常沿着所谓“澳大利亚羊毛航线”向东航行，再绕过合恩角返航，这需要经过一处叫作“狂暴 50 度”（Furious Fifties）的区域，那里的平均风速达到了 37.7 节（即 8 级大风）。由此继续往南走，尽管大风仍然刮个不停，但很多地方仍然笼罩在浓雾中；另外，海上的浮冰也在不断增多，只有装备齐全的现代化船只才能应对这些威胁。

在南极内陆的高海拔地区，风力相对较小。不过，沉重的冷空气从内陆向海岸倾泻而下，在那里形成了强烈的风暴。在最糟糕的情况下，这些“重力风”（下降风）的平均时速可以超过160千米，经测量，其最大风速更是有超过每小时240千米的时候。这些冷空气下降的速度是这样的湍急，虽然没有新的降雪，但它们可以把地表颗粒状的冰晶吹起来，形成异常寒冷甚至致命的暴风雪。1912年，斯科特一行人在地势较为低洼的罗斯冰棚（Ross Ice Shelf）上，就是在这样的暴风雪下全员罹难的。

从高原上倾泻而下的不仅仅只有风。在漫长的时间里，大量水冰从高原一直流淌至沿海，形成了壮观的冰川，这些冰川也是早期探险家们进入内陆的通道。其中，长达161千米的比尔德莫尔冰川（Beardmore）和附近的阿克塞尔·海伯格冰川（Axel Heiberg Glaciers，两者都不是南极最大的冰川）已经与斯科特和阿蒙森前往南极点的波澜壮阔的探险史永远联结在了一起。它们和其他5道冰川以每年大约335米的速度向下流动，扩充了罗斯冰棚，该冰棚覆盖了整个罗斯海沿岸。罗斯冰棚，也被称为“大冰障”（Great Ice Barrier），是12个冰棚中最大的一个，大约占南极海岸线的三分之一。它的面积为80.3万平方千米，比法国还大，其中，陆地一侧的冰层厚度为610米，沿海一侧的冰层厚度为185米。

15

> 如果你扔下一根钢筋，它很可能会像玻璃一样破碎，锡会解体成松散的颗粒，水银会冻结成固态金属，如果你从冰上的一个洞中拖起一条鱼，在五秒之内它就会被冻得很结实，必须用锯子切割。
>
> ——1962年出版的《遥远的南方》
>
> 作者：约翰·贝切维瑟

威德尔海（Weddell Sea）的菲尔希纳–龙尼（Filchner-Ronne）冰棚是南极的第二大冰棚，是以其发现者威廉·菲尔希纳（发现时间为1911年）和芬恩·龙尼（1947年）的名字命名的（两人分别是德国人和美国人），总面积约为45.1万平方千米。其中，龙尼冰棚的面积为333460平方千米。当船只靠近冰棚的外缘或被称为“冰崖”的时候，可以看到超过 30 米的悬崖，悬崖上超过 1.5 千米长的平板冰墙通常会发生破裂，然后在向北漂浮超过 3200 千米后再次碎成小块，但这可能需要五年时间。变成小块浮冰后，它们的覆盖范围更广了，在一次测量中甚至达到了 145 千米。有时，它们会在南非海岸外制造出壮观的景象。本来这是一种正常的自然现象，即在压力和应力的作用下，大陆冰川慢慢地将冰棚推离海岸，但事实证明，全球变暖已经加速了这种机制。科学界的普遍观点是：由于日益扩大的人口对热带雨林等碳汇的消耗，以及对化石燃料的过度依赖，不断积累的温室气体，尤其是二氧化碳，正在加速使地球的大气层和海洋变暖，尽管科学家们对此尚有争议，但谁也不能否认这一点。海洋变暖无疑会使那些依赖冷水而不能迅速适应新环境的物种以及它们的食物链遭到毁灭或被其他物种所取代。温室效应也会改变天气，通常会在短期内令天气变坏。然而，如果现有的洋流也因此而改变的话，那可能会导致气候发生巨大的、不可逆转的变化。

16 自 2000 年以来，北极冰盖出现了永久性退化，虽然南极的气候惯性和稳定性比北极要大得多——因为它的面积更大，而且冰下有一块巨大的陆地，但也受到了全球变暖的影响，尽管到目前为止，其波及范围只到达南极的外围区域。北极海冰的损耗很大程度上是由于直接融化所造成的，格陵兰冰盖和冰山消融的比例大致是 1∶1，但南极冰盖的损耗 99% 是由于冰山“崩解”所造成的。即使目前只有南极外围区域的冰山发生崩解，但 2012 年的一项研究预测，巨大的菲尔希纳 - 龙尼冰棚可能会在 21 世纪末基本消失，并使世界海平面上升约 43 厘米。该冰棚的两个部分——几乎是“大伦敦”（Greater London）的十倍大——分别于 1998 年和 2010 年发生断裂，然后解体成更小的冰山，其中一些出现在距离新西兰约 4830 千米的外海。2000 年，有史以来最大的冰山从罗斯冰棚上脱落了，其面积达到 17600 平方千米。而在 2002 年，威德尔地区有 1 万年历史的拉森 B 冰棚部分崩解。2017 年 7 月，在拉森 C 冰棚向北蠕动了十多年之后，沿着该冰棚的一道巨大裂缝又崩解出一座冰山（被简单地编码为 A68），其面积达到 5800 平方千米，约为“大伦敦”的 3 倍，在裂缝边缘，悬崖的垂直高度超过 457 米，估计质量为 1 万亿吨。然而，即便如此，这座冰山也仅占拉森 C 冰棚的 12% 而已。2017 年 1 月，布伦特冰棚（Brunt Ice Shelf）上的另一条裂缝不断向东延伸，这迫使英国南极观测站（British Antarctic Survey）将 200 吨重的任务模块拖到了 23 千米远的“内陆”，以避免其随着冰山漂走。最终，该任务模块被转移到哈雷基地（Halley base，始建于 20 世纪 50 年代），形成了该基地现今的样貌。

这些以及其他一些现象究竟在多大程度上是“自然”的？抑或是人类活动对全球气候造成的影响所导致的？针对这些问题，有很多争论。不过，有一点是确定的，那就是无论是大气还是海洋，它们都不会按照人类划定的条条框框发生变化。关键问题是，如果它们继续照这个趋势以越来越快的速度发展下去，结果会是什么？实际上，仅海水上涨这一项就足以对人类造成巨大威胁了，因为除了保护海岸地区所要付出的巨大成本之外，很多沿海地区还有被[17]淹没的风险，毕竟全球海平面永久上升 1 米，太平洋地区的一些低海拔小型岛国就会被淹没。这就提出了一个问题：这些岛国的人民能去哪里？或者说，如果土地都不存在了，这些国家还能否存在？尽管这些惨景很可能是在相当长的时间尺度内出现，而不是像好莱坞灾难电影所设想的那样，世界末日突然降临，但从大陆的大型沿海地区，例如恒河三角洲，人口被迫大规模迁徙的后果甚至更加不可预估。其他气候变化的影响，如非洲部分地区的“荒漠化”，已经在短期内造成了不受控制的移民，但如果海平面继续上升促使沿海平原的数[18]百万人口拥到已经很拥挤的高地上，并跨越现有的政治边界以争夺空间和资源，那么，目前我们所熟知的移民问题可能就显得微不足道了。

科学界现在一致认为，温室气体的积累正在使地球大气和海洋变暖，尽管不同的科学家对变暖的速度有争议，但大趋势是毋庸置疑的。

虽然南极洲存在气候变化方面的风险，但令人欣慰的是，在过去半个世纪里，对整个大陆内部进行的科学观测显示，在南极洲巨大的热惯性下，这一切暂时还没有出现，除了上文提到的在南极外围所出现的那些状况外，南极洲深度冰冻的状态并没有发生明显改变。

1823 年，詹姆斯·威德尔与他的船只到达“最南端”，即后来被称为威德尔海的地方，进行捕猎海豹和探险。本图为模仿水彩画的版画，由 W.J. 哈金斯创作于 1826 年 10 月。

南极冰障的冰层以及冰山基本都是淡水，它们最初都是由压实的雪所形成的。相比之下，南极附近海域所出现的大量季节性浮冰，其运动速度更快，覆盖面积也更大。这些浮冰的形成原理很复杂，它们最初是漂浮在海水中的厚度达 15 厘米的冰片，但如果能存在两年以上，则会增厚到约 1.8 米或更高。当这些浮冰形成整整三年之后，它们就已经是“老冰”了，其表面的盐分会消失，甚至可以为人类提供良好的饮用水。在南极，尽管大陆几乎完全位于南极圈内（南纬 66 度 33 分，也是夏季极昼和冬季极夜的外分界线），冬季的南极浮冰群（覆盖范围在 8 月和 9 月达到最大）却可以向北深入到遥远的海域。其中，大西洋出现南极浮冰的纬度为 54 度，印度洋出现南极浮冰的纬度范围为 56 ~ 59 度，太平洋出现南极浮冰的纬度范围为 60 ~ 63 度，后两个

19

大洋的南极辐合带要更偏南一些。实际上，每个纬度都相当于 60 海里[①]的距离。南极浮冰群到达上述海域后，还会继续向北扩散到更为广大的区域，在气候恶劣的季节，其扩散的范围可能还会更大。从太空上看，到了冬季，南极冰层的面积几乎扩大了一倍。然而，也有令人震惊的反例，其中最著名的是，苏格兰海豹猎人詹姆斯 · 威德尔（James Weddell）于 1823 年深入到后来以他名字命名的海域，当时他到达了南纬 74 度多一点的地方，却根本没有遇到明显的浮冰。

人类居住地区与南极的直线距离也令人望而生畏。南极半岛的尖端位于合恩角以南 965 千米处，但需要穿过暴风骤雨的德雷克海峡。而且，除了孤立的岛屿之外，新西兰作为距离南极最近的陆地，距离它也有 3380 千米。南极距离南非和澳大利亚南海岸更为遥远，分别为大约 4020 千米和大约 3700 千米。将小南极洲和大南极洲放在一块，再自西向东测量横贯南极的山脉，其最宽处约为 4500 千米。罗斯海和威德尔海之间的狭窄地峡只有不到 965 千米宽，不过这一数据不包括冰棚的宽度，如果算上冰棚，上述两片海洋之间的距离就要大得多了。

开启探险序幕

“Terra Australis recenter inventa sed nondum plene cognita。”这是一段颇为乐观的拉丁文描述，意思是“南方大陆，最近刚刚发现但尚未完全探索”。其首次出现在 1531 年的一张凭想象绘制的南极洲地图上。这张地图的创作主要有两个依据：首先是从古典时代继承下来的观念，即在南方必然也会有一块冰冻的区域来“平衡”寒冷的北极；其次，麦哲伦于 1520 年第一次环球航行时曾在遥远的南方通过一条海峡，即后来以他的名字命名的海峡。这给人留下了一个错误印象，即火地岛是一片面积更大的陆地的尖端。后来，人们对“南方大陆”的传统观念发生了转变。人们认为，这个南方“平衡点”或许比北极的气

20

① 60 海里：约 112 千米。（本书脚注均为译者注）

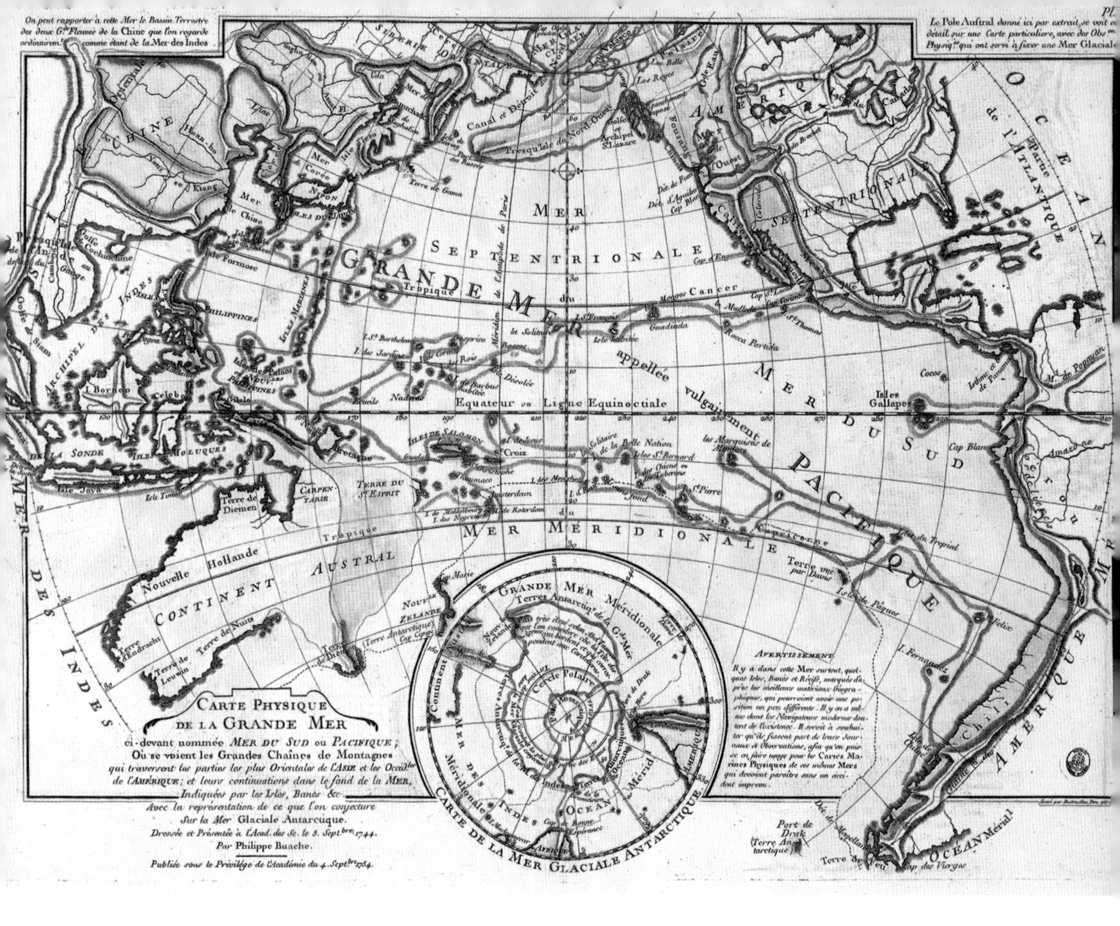

一幅绘制于1754年的南太平洋海图，包括当时推测的南极洲的大小和形状的图样。由菲立比·布雅舍绘制。

候更为温和，因此，其发现者可以得到潜在的丰厚奖赏。

在1577—1580年弗朗西斯·德雷克的环球航行中，其座舰“金鹿号”（Golden Hind）于1578年被大风意外地吹到了合恩角以南，进入现在的德雷克海峡。他清楚无误地报告道：“这里只有广阔的海面，向南没有看到大陆或岛屿。”然而，无论是德雷克的发现，还是后来人们在南部岛屿的发现，都没有推翻存在温带极地大陆的神话，直到18世纪70年代。

在那时候的欧洲，到处都充斥着商业竞争、殖民和意识形态战争，科学导航成为一种重要工具，各国可以借此发现新土地，在新土地定居，乃至主张新领土并将其纳入帝国的版图内。长期以来，海洋帝国西班牙小心翼翼地保卫着自己的殖民地，但新的竞争者——英国、法国，已经成为它的劲敌。1768—

1772—1774 年，詹姆斯・库克船长开启了他的第二次太平洋之旅，以寻找“南方大陆”，最终，他抵达的最南端为南纬 71 度 10 分。本画作由纳撒尼尔・丹斯创作于 1776 年。

1770 年，詹姆斯・库克中尉率领“奋进号”（Endeavour）进行科学考察，他们航行至塔希提岛，观察金星轨道穿越太阳的所谓“凌日”现象，同时绘制了新西兰的地图。这次考察证明了新西兰的两个岛屿并不是极地大陆的一部分。这与此前（17 世纪 40 年代初期）塔斯曼（Tasman）对澳大利亚所做的早期探索有异曲同工之妙。鉴于近期西班牙和法国在南方高纬度海域频繁活动，英国政府决定派库克去永久性地解决“南部大陆”问题——如果它存在的话，那么它将属于大英帝国。这一次，库克率领“决心号”（Resolution）和“冒险号”（Adventure），带着最新的、经过约翰・哈里森改良的航海经线仪，在 1772—1774 年的两个夏天里，在冰、雾和自身耐力条件允许的情况下，尽可能向南航行，并精确测定海上经度。

库克的航行开启了现代南极探险的序幕。他从大西洋和太平洋出发，绕行南极大陆，但没有看到它。不过，在 1773—1774 年间，库克航行到了最南端，即南纬 71 度 10 分，南极大陆几乎就要进入他的视线了。实际上，直到

1773 年 1 月 9 日，在库克的第二次航行中，船员们从南大西洋的“冰岛”(冰山)收集淡水时的情景。本图为版画，由威廉 · 霍奇斯创作于 1777 年。

1959—1960 年，人类才再次抵达这一海域（以及这一纬度）。库克带回了关于浮冰和“冰岛”（冰山）的第一份详细报告，并相信完全隐没在南纬 60 度范围内的某块寒冷陆地可能是这些冰山的来源。鉴于在 1775 年发现的南乔治亚岛十分荒凉，带有约克郡本地人特有的实用主义倾向的库克认为，探索南极可能是得不偿失的。

库克于 1779 年在夏威夷去世，当时法国与英国已经处于战争状态——直至 1783 年，法国还作为美国的盟友共同对抗英国。1793 年，法国革命战争爆发，因此，直到 1815 年拿破仑战败后，英国皇家海军才开始考虑重启极地探险。当时，英国已经成立了一个水道测量局（1795 年）来制作官方海图，而且正处于和平时期，有大量年轻军官晋升困难，他们不会放过任何一个建功立业的机会。1823—1854 年间，在水文学家弗朗西斯 · 蒲福（以蒲福风力等级表闻名于世）的帮助下，皇家海军的水文测量技术进入了一个飞速发展的时期。

英国皇家海军率先重启了北极探险。1818 年海军进行了第一次远征，重新对 16 世纪以来人们所设想的沟通加拿大、大西洋和太平洋的所谓“西北航道”进行了探索。1845 年，约翰·富兰克林船长率领一支 129 人的探险队，乘坐女王陛下的“幽冥号”和“惊恐号”启程寻找西北航道，然后消失得无影无踪。因此，从 1847 年起，为了寻找这支失踪的探险队，人们（不全是英国人或官方人士）组织了一系列搜索行动。直到 1859 年，人们才确认富兰克林船队已经全部罹难。在这一过程中，罗伯特·麦克卢尔（Robert McClure）于 1850 年发现了一条冰封的西北航道，但事实证明，大船是根本无法从这条航道通行的。1903—1906 年，阿蒙森搭乘小型船只“格约亚号”（Gjøa），成为首个通过西北航道的人。皇家海军最后一次大规模北极探险是在 1875—1876 年，在海军上尉乔治·纳雷斯爵士（George Nares，曾经前往南极海域探险）的率领下，一支探险队试图从海上抵达北极点。海军探险队的雪橇到达了北纬 83 度 20 分的区域，但他们明智地得出结论：根本没有通往北极点的海上通道。随后，皇家海军将探索北极的大部分任务留给了其他国家和私人利益集团。

至于谁是第一次看到“南极大陆”（Antarctic continent）的人，这个问题存在一些疑问，但据推测，“南极大陆”这个词是由塞缪尔·威尔克斯（Samuel Wilkes）中尉率先使用的，他是 1838 年美国海军考察舰队的指挥官，该舰队囊括了五艘舰艇。正如罗斯在几年后指出的那样，问题的焦点仍然是到底存不存在南极大陆？此时，威尔克斯还有两个强有力的竞争者，分别是俄罗斯帝国海军的泰德乌斯·别林斯高晋（Thaddeus Bellingshausen）中尉（他在 1819—1821 年奉命率领两艘船南下，尽可能靠近极地，并对附近的海域进行探索）以及英国皇家海军船长爱德华·布兰斯菲尔德（Edward Bransfield）。1820 年 1 月 28 日，别林斯高晋可能首次发现了南极大陆（尽管他从来没有以此标榜过自己），然而这项荣誉是有争议的，而且别林斯高晋所进行的详尽考察（明确了库克所看到的南极岛屿，特别是南乔治亚岛和南桑威奇群岛的位置）在他回国后也很少受到关注。

与此同时，根据库克的情报，商业海豹猎人已经开始奔赴南乔治亚岛和南设得兰群岛，并大肆捕杀海豹了。后者是 1819 年被一位英国海豹猎人——

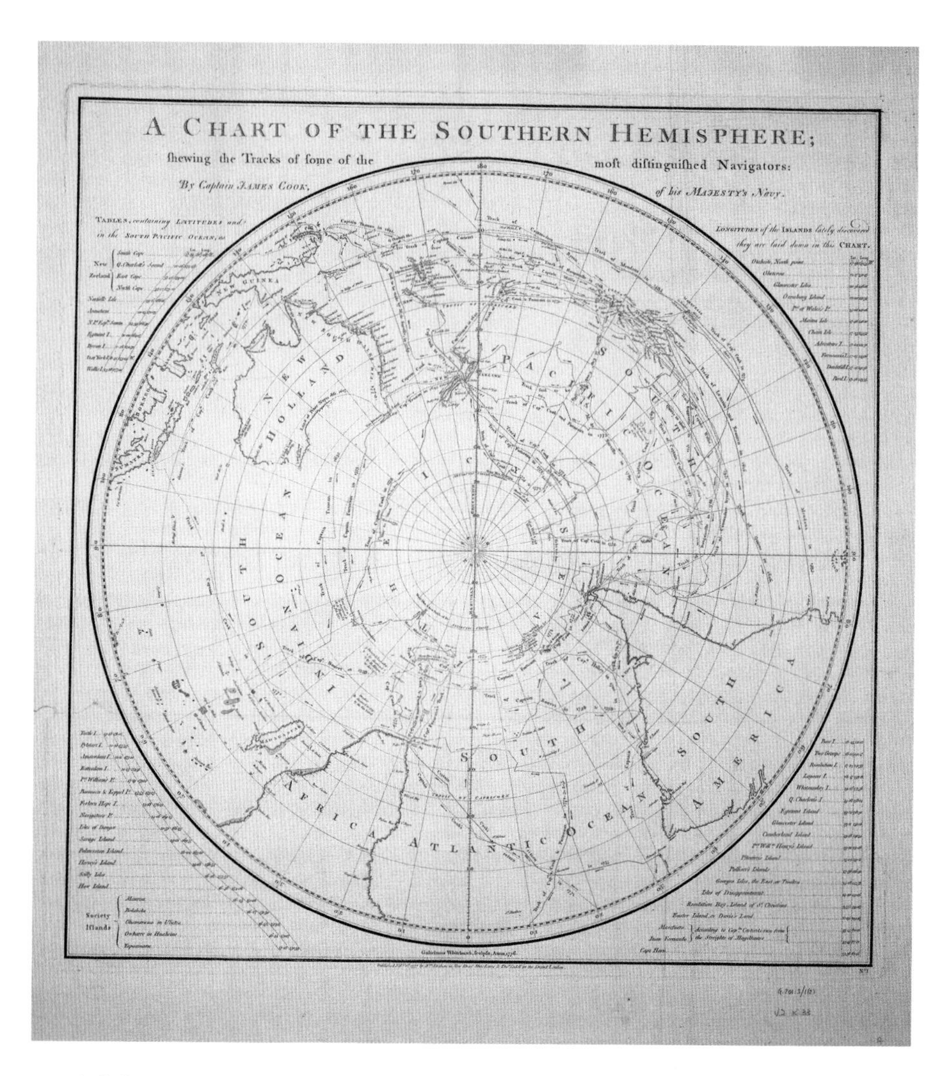

库克绘制的南半球海图，在他第二次航行之后的 1777 年出版。与布雅舍于 1754 年绘制的海图相比，该图展现了库克寻找南方大陆所付出的努力和得到的收获。

威廉·史密斯（William Smith）发现的。1820年1月，布兰斯菲尔德带着史密斯踏上归程，并声称南设得兰群岛属于英国。1月30日，布兰斯菲尔德看到了南极半岛的尖端，他无疑是第一个为南极大陆的某个区域绘制地图的人。1822—1824年，海豹猎人詹姆斯·威德尔在他称之为“乔治四世之海”（现在的威德尔海）的远端发现了一处异常开阔的水域。然而，到了19世纪30年代，捕猎海豹开始变得很不景气，于是捕鲸从业者开始接替前者，继续在科技方面为探索南极做贡献。

其中最著名的是塞缪尔·恩德比父子公司（Samuel Enderby and Son），该公司于1834年在格林尼治正式成立，但其成员早在1775年就代表英国在南太平洋捕鲸了。恩德比父子公司是一家成功的企业，不过其创建者并不仅仅满足于商业领域，事实上，他们对科学也怀有浓厚兴趣，因此其发现也远远超越了普通商业捕鲸者。1831—1832年，该公司旗下的一名船长约翰·比斯科（John Biscoe）率领“图拉号”（Tula）和“莱弗利号”（Lively）两艘船环绕南极洲航行，发现并命名了恩德比地（Endderby Land），进一步确定了南极半岛西海岸的位置，他将西海岸的北端称为格雷厄姆地（Graham Land）。此后，英国人在恩德比地又有了新发现，不过，直到1837年维多利亚女王登基时，出于对科学和商业利益方面的兴趣，官方才再度参与到捕鲸活动中。

在接下来的两年间，共有三个国家——法国、英国和美国，派遣海军远征南极。其中，法国派出的船队由迪蒙·迪尔维尔（Dumont d’Urville）上校率领；英国船队由海军上校詹姆斯·克拉克·罗斯（Sir James Clark Ross）爵士指挥，他曾于1831年抵达北磁极。两人的目的都是寻找与北磁极对应的南磁极，但都没有成功（这项研究在1909年才首次进行，但磁极并不是一成不变的，它会发生迁移）。迪蒙·迪尔维尔在东经120～160度发现了南极大陆海岸，他以自己妻子的名字将其命名为阿德利地（Terre Adélie），并间接的将这片海岸的“居民”命名为“阿德利企鹅”。出人意料的是，迪蒙·迪尔维尔与塞缪尔·威尔克斯（Samuel Wilkes）率领的装备简陋的美国太平洋探险队“海豚”相遇，但两人并没有进行交谈。美国探险队花了两个季度对南极周边的捕鲸业进行调查，尽管过程十分艰难，但探险队还是绘制了部分海岸的

詹姆斯·克拉克·罗斯船长是一位成功的北极探险家，此外，他还在1839—1843年的南极探险行动中担任指挥官。图中的罗斯船长肖像由约翰·R.怀德曼创作于1834年。

1841年1月28日，“幽冥号”和“惊恐号”经过波弗特岛和埃里伯斯火山时的情景，后来，埃里伯斯山成为斯科特和沙克尔顿建造小屋的背景。本图为水彩画，由J.E.戴维斯创作于1841年。

地图（以塞缪尔·威尔克斯的名字命名）。相比之下，罗斯于1839—1841年和1842—1843年率领的皇家海军舰队经过精挑细选，装备十分精良，他们乘坐的两艘船只（即“幽冥号”和“惊恐号”）都经过特别加固。不过，这两艘船后来随富兰克林一起消失了。对英国探险队而言，启程后的前两个季度所 25 取得的成果最多，特别是从1841年1月开始，罗斯发现了一处南极海岸（即现在的罗斯属地，当时罗斯主张将其纳入英国领土），以及以他名字命名的罗斯海和罗斯冰棚（也被称为“大冰障”）。在此地，他记载的许多事物后来都在斯科特和阿蒙森的传奇故事中为世人所熟知。其中包括占领岛（Possession Island）、罗斯海东侧的阿代尔角（Cape Adare）、罗斯岛上的“幽冥”和“惊恐”火山（前者是活火山），以及隐藏在罗斯岛和大陆之间的麦克默多海峡（McMurdo Sound）。上述发现令罗斯的这次行动收获颇丰，甚至可以称得上是19世纪最重要的探险之一。不过，罗斯探险队的“幽冥号”和“惊恐号”很快就在北极探险史上最严重的灾难中消失得无影无踪。

尽管罗斯取得了巨大的成功，但迄今为止，人们发现的海岸、冰山和近海岛屿都十分零散，并不能证明南方有一块单独的陆地。这种情况一直持续到1872—1876年乔治·纳雷斯指挥“挑战者号”（Challenger）进行环球科学考察航行之后。“挑战者号”曾于1874年短暂地进入南极附近海域，尽管这只是其科考计划中的一小部分，但“挑战者号”仍然是第一艘穿越南极圈（南纬66度33分）的蒸汽动力船只。虽然纳雷斯没有看到南极大陆，但他带 27 回来的深海地质样本却被证明是来自内陆的，只不过在古代冰川运动中掉到了海里。

在接下来的20年中，有几艘捕鲸船驶入了南极圈内。当时，北方的渔业资源正在逐渐枯竭，但随着蒸汽机的发展以及挪威人斯文·福因（Sven Foyn）发明的鱼叉枪，捕鱼业开始脱胎换骨，人们将目光重新投向了南方。在南极半岛的东部有一处拉森冰棚（Larsen Ice Shelf），是为了纪念其发现者——一位挪威捕鲸船船长而命名的，这位船长不但发现了该冰棚的大半部分，他的报告还引起福因的浓厚兴趣。1894年，在福因的支持下，亨里克·布尔（Henrik Bull）指挥捕鲸船向南极深处进发。1895年1月24日，布尔和他的手下在阿

以冰山为背景的“挑战者号”。她的环南极考察（1872—1876）为今后的科考奠定了基础。本图为版画，创作于 1880 年 12 月 1 日。

在“挑战者号”环球科学考察期间，从该舰拍摄的首批南极“平顶”冰山照片之一。由未知的摄影师拍摄于 1874 年 2 月。

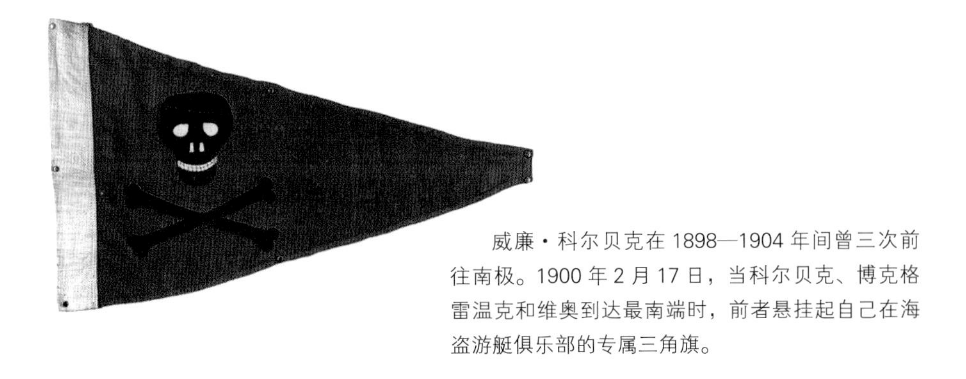

威廉·科尔贝克在 1898—1904 年间曾三次前往南极。1900 年 2 月 17 日，当科尔贝克、博克格雷温克和维奥到达最南端时，前者悬挂起自己在海盗游艇俱乐部的专属三角旗。

1898 年，比利时探险船“比利时号”被困在别林斯高晋海的浮冰之中，船员们被迫在那里越冬。照片由 F.A. 库克拍摄于 1898 年 5 月 20 日。

代尔角附近登陆，这也是人类首次登上南极大陆。布尔的捕鲸船上有一位年轻的挪威海员，也是阿蒙森的童年好友，名叫卡斯滕·博克格雷温克（Carsten Borchgrevink）。

28

1898年，博克格雷温克率领所谓“英国南极探险队”搭乘捕鲸船“南十字星号”（Southern Cross）在阿代尔角登陆，并成为第一批在南极大陆过冬的人。尽管探险队是由英国赞助者——出版商乔治·纽恩斯（George Newnes）爵士命名的，但博克格雷温克的队伍主要由挪威人组成，其中一人在上岸时意外身亡。1900年1月，当“南十字星号”将探险队接走后，曾利用短暂的空隙继续向南航行。在海岸某处重新登陆后，博克格雷温克、英国的科尔贝克（Colbeck）中尉和芬兰的驯犬员佩尔萨·维奥（Per Savio）沿罗斯冰棚滑行了16千米，到达南纬78度50分的区域，这是人类在当时到达的最接近南极点的地方。第一艘在南极过冬的船只是由比利时海军中尉阿德里安·德·热尔拉什（Adrien de Gerlache）指挥的“比利时号”（Belgica），只不过该舰是被迫采取这一行动的。1898—1899年，它在南极半岛以西的别林斯高晋海遭遇大量浮冰，被困了整整一年。这对所有人来说都是一次可怕的经历，包括来自挪威的二副罗阿尔德·阿蒙森（Roald Amundsen）。

与此同时，伦敦正在为斯科特（Scott）的首次探险筹集资金，他将于1901年率领一支探险队搭乘“发现号”（Discovery）前往南极。这次探险的发起人是克莱门茨·马卡姆（Clements Markham）爵士。他曾于1850—1851年在“协助号”上任职（当时该舰由霍雷肖·奥斯汀指挥），并自1893年起担任英国皇家地理学会主席。作为一名前海军军官，他是参加过搜寻富兰克林探险队行动和1875年纳雷斯北极航行的老兵，他的表弟阿尔伯特·哈斯廷斯·马卡姆（Albert Hastings Markham）也在纳雷斯领导的这次航行中担任二把手，负责率领雪橇队向北行进。从那以后，马卡姆的经历比较曲折，离开海军使他遇到了一些困难，不过，他在英国驻印度办事处任职后，事业终于有了起色。在印度，他组织并参与了从秘鲁移栽金鸡纳树的工作，并借此开展了奎宁的生产。随后，马卡姆作为地理学家被借调到一支英国探险队内，这支探险队对埃塞俄比亚进行了惩罚性的远征。马卡姆是一个专横而坚定的人，也是一

博克格雷温克在探索南极时带了 75 条狗来帮助他拉雪橇。它们也是人类在南极洲使用的第一批狗。本照片由威廉・科尔贝克拍摄于 1900 年。

雷德利营地的小屋是人类在南极大陆搭建的第一批建筑物，当时雪橇队就驻扎在这里，以对该地区进行探索。照片由威廉・科尔贝克拍摄于 1900 年。

位出色的沟通者，对他来说，伟大的探险家的事迹就是他最宝贵的财富，他把代表英国进行南极探险作为自己担任皇家地理学会主席的首要目标。尽管马卡姆的目的是搜集南极大陆的地理和科学知识，但根据自己的经验，他认为皇家海军是承担这项任务的最佳组织。而且，这次行动应该由一名海军军官来领导。马卡姆并没有参加一场“极地竞赛”的计划，但他也很清楚，如果出现竞争对手，英国必须率先到达那里。

30

马卡姆并没有参加一场“极地竞赛”的计划，但他也很清楚，如果出现竞争对手，英国必须率先到达那里。

此时发生的一些事情刺激了马卡姆，包括 1895 年在伦敦举行的第六届国际地理会议，会议将南极大发现作为重头戏和“尚待进行的最伟大的地理探索”。从远征行动（即追随亨里克 · 布尔探索南极的行动）中归来的博克格雷温克在会议上不太谦虚地讲述了他们 1 月份在阿代尔角的首次登陆，以及未来他自己率领“南十字星号”航行的计划，这也令马卡姆感到很生气。马卡姆试图阻止博克格雷温克的计划，但来自纽恩斯的赞助让他感到沮丧，更让他难堪的是，他向英国政府寻求支持的初步尝试也宣告失败。

尽管如此，马卡姆还是说服皇家地理学会拿出 5000 英镑作为启动资金以呼吁有识之士参与探险计划，并于 1898 年初获得了皇家学会（Royal Society）的大力支持。第二年，他找到了一位富有的商业赞助人，在当时筹集到的 14000 英镑基础上又追加了 25000 英镑，财政部还承诺为类似的私人捐助再提供 40000 英镑的“匹配资金”，从而解决了探险的资金问题。

马卡姆现在需要的是一个符合他要求的探险队指挥官。1899 年 6 月，当马卡姆沿着白金汉宫路向家走的时候，偶然遇到了一位故人，这个人早在十多年前他就见过。马卡姆脑子里灵光一闪，探险队指挥官的问题终于解决了。

埃文斯角附近，海豹在新形成的饼状浮冰上晒太阳。这张照片是由斯科特探险队的官方摄影师 H.G. 庞廷拍摄的，拍摄时间大约在 1910 年。

第二章
“发现号”和“猎人号”向南极进发

斯科特与“发现号”
1901—1904 年

指挥官必须是一名海军军官，而且必须是年轻人。这些都是基本要求。他应该是一个有航行经验的好水手，一个有测量知识的领航员，而且他应该具有科学的头脑。他必须富有想象力，并且充满热情；具有沉着的气质，遇事很冷静，行动迅速果断；他必须是一个有头脑、有策略、有同情心的人。

——克莱门茨·马卡姆爵士

THE BALLAD OF THE SEAL & THE WHALE

I'll tell you a tale of a seal and a whale,
That lived in the far Southern sea.
The story they told to an Easterly gale,
The Easterly gale told to me.

In generic terms (I don't know who's to blame
For abusing these animals meek)
Leptonicotes Wedelli was the name
Of the seal: he'd object could he speak.

Now the whale had a name that would fill with surprise
A sage of the old-fashioned style.
Orca gladiator is a name that implies
A nature pugnacious and vile.

Before getting on with my yarn, I'll reveal
That Dame Nature her rule never bends.
For the Wedelli seal makes a very good meal
For the Orca, so they were not friends.

33

1899年，穿过马路迎接马卡姆爵士的人是英国皇家海军海峡分舰队旗舰“威严号”（Majestic）战列舰的鱼雷中尉，他的名字叫作罗伯特·福尔肯·斯科特（Robert Falcon Scott）。此时，距离他31岁生日只有几天时间了。1868年6月6日，斯科特出生在德文波特（Devonport）下辖的斯托克达梅里尔，他在六个孩子中排行老三，在两个儿子中排行老大，家里人都称他为“康”（Con）。斯科特的父母都有海军背景，他的父亲后来在朴次茅斯经营着一家啤酒厂。斯科特是一个胸怀梦想、自立自强的男孩，他基本上是在家里接受教育的，之后他前往汉普郡的一所寄宿预科学校学习，这所学校以招收海军学员而闻名。1881年，斯科特登上“不列颠尼亚号”（Britannia）训练舰，开始了实地训练，尽管经历了一些小挫折，但在1883年初，他被任命为学员队长。那年夏天，他在26人的班级中以第7名的成绩毕业，并获得算术和航海技能的一级证书。1886年11月，身为海军军官候补生的斯科特登上“流浪者号”（Rover）训练舰，前往西印度群岛。就是在这里，他赢得了一场划艇比赛，第一次引起马卡姆的注意。当时，舰队司令正巧是马卡姆的堂兄，同为极地老兵的A.H.马卡姆，前者实际上是后者请来的客人。于是，马卡姆便利用这个机会“借花献佛”邀请斯科特共同进餐。马卡姆对斯科特的智慧、机警、风度和魅力印象深刻，不过，在马卡姆的精挑细选下，斯科特并不是唯一的，甚至也

34

克莱门茨·马卡姆爵士是成立 1901 年英国南极探险队的主要推动者，根据自己以前在北极的探险经验，他主张使用人力拉雪橇。

不是最受宠的人才类型。

1888 年，斯科特被任命为海军中尉，并被派到“安菲翁号”（Amphion）巡洋舰。此后，他跟随该舰航行至太平洋和地中海。1889 年，斯科特晋升为海军上尉。尽管服役表现非常好，但此时斯科特的信件表明，他对这艘巡洋舰以及对自己都感到沮丧和不满，也许他已经意识到，自己继续晋升的前景很暗淡，距离舰长的职位也非常遥远。因此，他改变了职业路线，踏上了鱼雷（当时最新的海军武器之一）专家之路。斯科特先是在朴次茅斯接受训练，然后于 1893 年底返回地中海，担任实验船“伏尔甘号”（Vulcan）的鱼雷上尉。

在接下来的秋天里，斯科特接连遭受家庭变故的打击。他的父亲约翰·斯科特（John Scott）在几年前卖掉了自己的啤酒厂，想享受体面的退休生活，但这笔钱却因为投资不当而血本无归。由于经济陷入困顿，约翰·斯科特不得不将家里的大屋出租。斯科特的弟弟阿尔奇（Archie）放弃了在皇家炮兵团的职位，加入了尼日利亚的一个地方殖民军团，那里的薪水很高，而且生活成本很低。斯科特的两姐妹虽然都找到了工作，但最年长的艾蒂（Ettie）

罗伯特·福尔肯·斯科特身穿全套海军礼服，佩戴他于1901—1904年远征期间所获得的极地奖章。斯科特曾在皇家海军担任一名鱼雷军官。照片由摩尔和福克斯于1904—1910年间拍摄。

却令她母亲感到不安，因为她是一名演员，不过很快就嫁给了一名国会议员。他们的父亲也被迫在63岁时重新工作，担任萨默塞特啤酒厂的经理。

为了离家更近，斯科特向上级申请，调到了朴次茅斯工作。1896年，他在海峡分舰队的“印度女皇号”工作时再次遇到了马卡姆，马卡姆正在“君权号”（Royal Sovereign）上做客（于西班牙港口比戈登舰），而舰队本身正在驶往直布罗陀的途中。此时的马卡姆（地位上升，获得了“克莱门茨爵士”的头衔）正在重新筹备英国探险队奔赴南极的行动，他的首次尝试没有获得海军部的批准，因而没有成功。当时的斯科特对南极探险还知之甚少。两人很快便分道扬镳了。第二年，斯科特又被调至“威严号”（Majestic）战列舰。

4个月后，也就是1897年7月，斯科特的父亲去世，仅留下1500多英镑的遗产，因此，赡养母亲的费用主要由兄弟俩承担。1898年，悲剧接踵而至，弟弟阿尔奇也在回国休假时死于伤寒，这令斯科特本来就很拮据的生活雪上加霜。连遭厄运并没有令斯科特意志消沉，相反，为了对抗命运，他觉得必须找到某种契机来更快地提升自己。就在这时，斯科特在街上遇到了马卡姆，听说这次成功组建国家探险队的希望很大。两天后，斯科特正式申请担任探险队的指挥官。一旦顺利取得这一职位，斯科特不但可以实现理想（担任某支部队的指挥官），还能适时得到更多的津贴。

将近一年之后，斯科特的任命才得到皇家委员会和皇家地理学会联合委员会的批准，该委员会的副主席正是马卡姆本人。在这段时间里，斯科特回到“威严号”战列舰工作，尽管这只是暂时的，但他的上司埃格顿（Egerton）舰长还是中肯地指出：斯科特对极地探险一无所知。与此同时，选择斯科特担任探险队指挥官也标志着马卡姆成功解决了一些长期争端，按照他的想法，航行的主要目的是研究地理学而不是海洋学，而且探险船的指挥官也将由探险队指挥官兼任，而不是由科学家担任。做出这个决定是十分艰难的，因为一位著名地质学家已经受邀担任探险队的科学主管，但他最终选择退出而不是担任斯科特的下属。好消息接踵而至，由于时任英国首相贝尔福（Balfour）对南极探险怀有浓厚的私人兴趣，马卡姆终于争取到了梦寐以求的官方资金，海军部也同意派遣另一名正规军官作为斯科特的副手，并从皇家海军预备役中再抽调两到三名人员以充实探险队。事实上，这些海军军官对探险队的帮助非常大。首先，他们提供了相当多的物资；其次，探险船的船员也多半是由他们提供的，大多数人都是斯科特通过海峡分舰队的朋友拉拢来的志愿者。

值得注意的是，斯科特从“威严号”战列舰挑选了一些人，包括两名上尉——迈克尔·巴恩（Michael Barne）和雷金纳德·斯凯尔顿（Reginald Skelton 担任总工程师）；士官长詹姆斯·戴尔布里奇（James Dellbridge 担任副工程师）；以及两名上士——大卫·艾伦（David Allan）和埃德加·埃文斯（Edgar Evans），后者于 1912 年从南极返回的时候身故，成为全探险队第一位去世的人。领航员和探险队的二把手最终由阿尔伯特·阿米蒂奇（Albert Armitage）担任，他当时在 P&O 公司[①]担任船长，还拥有皇家海军预备役（RNR）中尉的军衔，最关键是，他曾是杰克逊—哈姆斯沃思北极探险队的成员，曾随队前往法兰士约瑟夫地群岛（Franz Josef Land，1894—1897）。还有

① P&O 公司：是由嘉年华英国运营的一家邮轮公司。

23岁的查尔斯·罗伊兹（Charles Royds），不久前他还是一艘反鱼雷艇驱逐舰的指挥官。探险船最后一位军官是欧内斯特·沙克尔顿（Ernest Shackleton），他当时担任商船三副，并曾经以皇家海军预备役中尉的身份参加过极地探险。当时，他正从英国联合城堡航线（Union Castle Line）上下来。处于休假中的欧内斯特·沙克尔顿首先利用他巨大的个人魅力说服了卢埃林·朗斯塔夫（Llewellyn Longstaff，探险队的主要私人赞助人）的儿子，然后又说服了斯科特，从而在探险队获得了一个职位。他在操控帆船和蒸汽船方面都有着丰富的经验，并且性格外向，有与生俱来的领导能力，能将身边的人团结在一起，充满干劲地工作。然而，从长远来看，这些品质会令沙克尔顿与性格矜持且在压力下有易怒倾向的斯科特产生潜在的矛盾。上述正式军官都被分配了科考任务（上文提到的罗伊兹本身就是一名气象学家），但也有文职科研人员加入，以作为补充。

36

例如，曾与博克格雷温克（Borchgrevink）在阿代尔角一起过冬的塔斯马尼亚人路易斯·伯纳奇（Louis Bernacchi），他是物理学家，此时正在研究地磁场问题，于是便在新西兰登上了探险船。刚从剑桥大学毕业的哈特利·费拉尔（Hartley Ferrar）和普利茅斯海洋生物实验室的托马斯·维尔·霍奇森（Thomas Vere Hodgson）分别担任探险队的地质专家和生物专家。雷金纳德·科特利茨（Reginald Koettlitz）博士（绰号“肉饼”，40岁，是探险队中最年长的成员）曾与阿米蒂奇一起在北极工作，是高级外科医生和植物学家。他的助手是极具艺术天赋的爱德华·阿德里安·威尔逊（Edward Adrian Wilson）博士，在斯科特的两次航行中，他都是团中不可或缺的“和事佬”，十年后更是被亲切地称为“比尔叔叔”。虽然一开始科特利茨和沙克尔顿的关系更为亲近，但后来却成为斯科特的知己和朋友。斯科特本人并不信教，也容易自我怀疑，但他个人最依赖的还是科特利茨：“他是一个勇敢的人，是一个真正的男人——也是我最好的战友和最坚定的朋友。”1912年，当两人都奄奄一息地躺在帐篷里的时候，斯科特给威尔逊的妻子留的信中写道。

37

早在选定斯科特担任指挥官之前，负责为探险队挑选船只的“船舶委

“发现号”官兵的合影。斯科特站在第一排中间，沙克尔顿站在左起第五位。由未知摄影师于 1901 年拍摄。

员会”就面临使用何种舰艇较为适宜的问题。该委员会由海军上将弗朗西斯·利奥波德·麦克林托克（Francis Leopold McClintock）爵士担任主席，40 年前，他曾作为一名船长解开了富兰克林失踪之谜。马卡姆从那时起就认识麦克林托克，并受到他的很大影响（后来还成为他的传记作者）。麦克林托克使用人力拖曳雪橇的方法充分地利用了他手中的人力资源，后来逐渐成为皇家海军北极探险的一种正统方法。尽管麦克林托克的方法较为实用，但随着时间推移，其被赋予了某种道德内涵，即只有用人力拖曳雪橇才符合“男子汉”的标准，这就不太合理了。而且，事后看来，很难理解为什么执着于用人拖曳雪橇，因为麦克林托克本身就是一位很好的雪橇犬驾驭者，而且早在 19 世纪

20年代初，由帕里（Parry）率领的皇家海军远征队就从因纽特人那里学会了狗拉雪橇的技术，还多次对其加以实践。或许，有部分原因是源于人和雪橇犬之间的比率：当探险队的人很少时，雪橇犬作为“拉雪橇的主力”最为有效。否则，所需雪橇犬的数量就会多得不切实际了。不过，在选择何种探险船的问题上，麦克林托克以及其他船舶委员会成员丰富的经验起了决定性作用。

1898年，马卡姆本人和斯科特一起造访了挪威，两人向探险家弗里乔夫·南森（Fridtjof Nansen）询问了使用何种蒸汽船较为适用的问题，并探讨了建造一艘类似“弗拉姆号”（Fram）的探险船的可能性。南森曾于1893年至1896年进行了史诗般的探险，他们乘坐“弗拉姆号”一路向北极航行。

38

“弗拉姆号”的设计初衷是要从厚重的浮冰（足以压碎船体）中挤出一条通路，该舰后来到了阿蒙森的手里，成为他的座舰。不过，马卡姆和斯科特的挪威之行可谓空手而归，他们不仅没有得到“弗拉姆号”，获取一艘木制捕鲸船的想法也没有实现——这里主要指的是老船“寻血猎犬号”（Bloodhound）。1875—1876年，另一位船舶委员会成员乔治·纳雷斯（George Nares）爵士曾搭乘该船（将其更名为“发现号”）前往北极地区。最终的结果是：马卡姆本人和斯科特以纳雷斯爵士的“发现号”为蓝本，设计了一艘全新的木制蒸汽辅助帆船。两人对“发现号”的初始设计进行了大刀阔斧的改进，其中最重要的是尽量增大船头的强度，令其成为“破冰船”；并对船尾的设计进行改善，将其改为圆形并悬于海面之上，以抵御浮冰的挤压；还有就是精心计算全船使用的黑色金属，使该船成为一个合适的地磁实验平台。最终，新探险船由威廉·史密斯（William Smith）爵士设计，邓迪造船公司（Dundee Shipbuilders Company）建造，该公司在建造极地捕鲸船方面有着丰富的经验，这艘新辅助船既是英国建造的最后一批三桅木船之一，也是自1694年“小帕拉莫尔号”（little Paramore，当时是为天文学家埃德蒙·哈雷的一次科考航行而专门建造的）以来第一艘专门用于科学研究的船只。它全长52.4米，宽10米，重1570吨，船舷厚66厘米，安装了一台450马力的燃煤三胀式蒸汽机。1901年3月21日，在马卡姆、斯科特和其他许多人的见证下，新探险船在邓迪公司旗下的造船厂举行了下水仪式，仪式上，马卡姆夫人将这艘新探险船命名为“发现号”（Discovery），18 世纪 70 年代，库克曾搭乘一艘同名船只首次进入北极的冰原地带。

“发现号”于 1901 年 7 月 31 日从伦敦出发，启航时受到人群的欢呼，其携带的补给品可供 47 人使用整整 3 年，其中大部分都是由商业赞助商捐赠的。在考斯（Cowes）海岸，英国国王爱德华七世与亚历山德拉王后登上了“发现号”，并授予斯科特皇家维多利亚勋章（Royal Victorian Order）。10 月 3 日，“发现号”在开普敦短暂停留，进行修整并补充物资，然后前往新西兰的利特尔顿（Lyttelton），并于 11 月 29 日停靠在那里。在路上，为了开展地磁力测量工作，斯科特向南纬 60 度线航行，途中他们遇到了第一块浮冰。随后，“发现号”在荒芜的麦夸里岛（Macquarie）停靠，幸好船员们对在自己的饮食中增加企鹅肉没有意见。这艘船航行缓慢，煤的用量很大，但除此之外无可挑剔，事实证明，即便在最恶劣的条件下，它仍是一条出色的海船。在利特尔顿，“发现号”更换了索具，补充了物资，作为给船员们的礼物，斯科特又额外购置了 45 只活羊——它们将和 23 条雪橇犬一起住在甲板上。在人们的欢呼声中，“发现号”于 12 月 21 日再一次起航，但不久后就被迫停靠在查默斯港（Port Chalmers），以埋葬一个叫查尔斯・邦纳（Charles Bonner）的海员——他不小心从桅杆上摔下来，当场身亡。为顶替邦纳和一名逃兵，随行军舰“灵厄鲁马号”（HMS Ringarooma）派出两名志愿者。其中一位是能干的海员托马斯・克林（Thomas Crean），从此他成为斯科特和沙克尔顿冒险故事中最坚韧、最永恒的人物之一。另一名志愿者——斯托克・威廉・拉什利（Stoker William Lashly）的加入也被证明是极有价值的，因为他将迈入斯科特最后一次探险行动的英雄之列。

39

1902 年 1 月 2 日，“发现号”遇到了第一座南极冰山，并开始穿越总长 435 千米的浮冰带，在这段时间里，船员们尝试了滑雪，并将羊、海豹和企鹅宰杀以充当食物——因为寒冷的天气可以保存这些肉类。

40

据可靠记录，斯科特对这种必要的屠杀感到十分厌恶。与经常杀死雪橇犬来喂饱其他狗和自己手下的阿蒙森相比，心软是他的一个明显弱点。1 月 8 日，船员们在阿代尔角附近登陆，参观了博克格雷温克的小屋，然后继续向

1901 年 3 月 21 日“发现号”下水时的情景。它是英国首艘专门建造的极地探险船，可以抵御浮冰的压力，并允许科研人员在船上进行地磁实验。照片拍摄于 1901 年，由瓦特拍摄于邓迪造船公司。

南航行以寻找过冬的住所。不久后，“发现号”抵达了麦克默多湾（McMurdo Sound），船员们发现海湾内到处都是浮冰，1 月 23 日，他们在罗斯岛（Ross Island）的克罗泽角（Cape Crozier）登陆，为自己的救援船“晨曦号”（Morning）建立了一个邮件投递点，随后便继续沿着罗斯冰障的边缘向东航行而去。自从詹姆斯·罗斯第一次发现这座冰障以来，它的高度虽然已经下降了，但仍然高悬在距离海面 15 ~ 75 米之处。

1 月 26 日，“发现号”到达了冰障南端，即北纬 78 度 36 分的区域，30 日，面对科学测量的结果和高达 610 米的峭壁，斯科特意识到，他们已经发现了罗斯海的东海岸，他将其命名为爱德华七世半岛（King Edward VII Land）。

41

一张非正式照片。当时，英国国王爱德华七世与亚历山德拉王后访问了停泊在考斯的“发现号”。照片拍摄于访问结束后，斯科特为国王夫妇送行的瞬间，拍摄照片的人员未知。

2月1日，“发现号”掉头向北航行，并在冰崖上一个大约5千米的缺口处暂时停了下来，“发现号”派出一支雪橇队从这里进入，到达了北纬79度零3.5分（后来被修正为78度34分）的区域，并对冰面进行了详细勘察。在这里，斯科特和沙克尔顿创造了另一项记录，他们首次利用气球从空中探索了这片无垠的平原。不过，两人在四面八方都未能发现地面，而率先登上氢气球的斯科特由于放下了太多压舱物，差点永远消失在南极上空。幸运的是，气球被牢牢系住了，但它很快又出现了漏气的毛病，从此再也没有使用过。

“发现号”回到了麦克默多湾，那里的天气已经放晴，因此，该舰才得以在罗斯岛南端附近一个被称为“小屋岬”（Hut Point）的避风港停靠。到3月

虽然本来打算住到小屋里，但斯科特最终还是决定将“发现号”作为自己的住所。不过，后来的探险队经常将该小屋作为避难所使用。

1902 年 2 月 3 日，由沙克尔顿拍摄的“发现号”搭载的氢气球“伊娃”正在充气时的情景。利用气球，斯科特和沙克尔顿对南极进行了首次空中探测，沙克尔顿乘坐氢气球到达了距离地面大约 230 米的高空。

第一版《南极时报》的封面。这个系列延续了英国皇家海军在北极的传统，即创办报纸为军官和船员们提供信息和娱乐。

底，这艘船已经被冻结在海面上，但没有任何损坏，船员们在岸上搭建了一些小屋作为辅助宿舍（但事实上，每个人都住在船上），并作为观测站使用。然而，在一次由罗伊兹率领的，在克罗泽角为救援船“晨曦号”留言的任务中，一名叫作乔治·文斯（George Vince）的海员不幸丧生，这次任务也失败了。

42

当时天气突然变得十分恶劣，乔治·文斯、埃文斯和其他人只能放弃任务返回，但他们不幸在一个陡峭的斜坡上滑倒，文斯消失在冰冷的海水中。实际上，与文斯一起消失的还有探险船的二管事克拉伦斯·黑尔（Clarence Hare），人们认为他生还的希望十分渺茫，因为一个人很难在南极的荒野中单独生存多久。然而，在大约 36 个小时后，他奇迹般地返回了。事实证明，经验是最好的老师，但获取经验往往是要付出沉重代价的。在漫长的极夜降临之前，大家开始学习滑雪，并尝试对狗进行训练，以驱使它们为雪橇队工作。在这两项技能上，英国人都是不折不扣的新手。相比之下，滑雪对于斯堪的纳维亚人来说则几乎是家常便饭了，这在现在看来几乎是不可想象的。

斯科特发现滑雪是“一项令人愉快、高兴的运动”，但起初他并不相信在队员们拖动雪橇时，掌握滑雪这项技能会对他们有什么帮助。尽管斯科特很喜欢狗，但也对狗的野性感到不安。人们为了训练这些狗，有时候不得不表现出无情、粗暴的态度，斯科特对此就更加厌恶了。事实上，斯科特和沙克尔顿不顾挪威同行反对，坚持使用人力或耐寒的矮马而不是狗来拉雪橇，在很大程度上就是源于这种意识，这几乎给他们的第一次航行带来致命的后果。然而，在种种因素作用下，最终，斯科特在1911—1912年的第二次航行中又犯了同样的错误。

为了在漫长的冬季打发时间，除了定期的科学观察和常规的生活琐事之外，船员们还在南极开展了海军在北极的传统活动。其中，最受船员们欢迎的就要数在“皇家惊恐剧院”（Royal Terror Theatre）上演的业余戏剧了。此外，沙克尔顿作为编辑，威尔逊作为插图画家，出版了五本人们热切期盼的《南极时报》印刷版。此外，他们还把时间花在维护雪橇、为春天准备衣物和口粮上。斯科特阅读了大量的相关资料，并制订了天一亮就去南方旅行的计划。不过，斯科特与两个同伴的第一次冬季探险是一场灾难。两天后，由于帐篷被强风吹走，他们直接暴露在 -50℃的极寒气温下。最终，三人带着冻伤挣扎着逃了回来。很快，船员们进行了第二次尝试，斯科特、沙克尔顿和托马斯·费瑟（Thomas Feather）在“发现号”以南137千米处布设了一座大型补给点。

44

途中，费瑟不小心掉进了一道裂缝，斯科特费尽九牛二虎之力才把他救了出来。回来后，他们发现另一支向西探索的队伍中出现了坏血病[1]，事实上，船员们主要靠“干肉饼”[2]（pemmican）生存，这也是所有英国极地探险队的主食。当时，人们还不知道坏血病是一种因饮食缺陷引发的疾病，但知道鲜肉可以预防坏血病。于是，船员们开展了新一轮海豹捕猎活动。1902年11月2日，斯科特、沙克尔顿和威尔逊带着19条狗、5架雪橇和滑雪板，踏上了向南探索的重要旅程，尽管他们没有明说，但南极点是他们本次探索的最终目标。由巴恩率领的第二支12人小分队与前者并行至11月15日，其任务是布设更多

① 坏血病即维生素C缺乏病。
② “干肉饼”：一种高能量的牛肉干和猪油混合物。

THE SOUTH POLAR TIMES 2

ARCTIC SLEDGE JOURNEY

Early in September 1894, the "Windward" having be--come an exploring vessel in her old age, arrived off the Southern Coast of Franz-Josef Land. She remain--ed there until the summer of 1895, then returned to England with her scurvy-stricken crew; leaving a hut containing seven men; another with two ponies; some twenty dogs, and three storehouses with stores for four years. She returned to Cape Flora in the summer of 1896 with two recruits for this small Polar colony, and carried away to their Fatherland those two Polar wanderers Dr.Nansen and Lieut.Johansen, as well as three of the land party.
During the spring of both 1895 and 1896, sledge-journeys had been un--dertaken and a boat journey in the summer of 1895. The work accomplish--ed, however, and the discoveries made, were, on the whole disappointing. Certainly, Franz-Josef Land was not the North Polar Continent that the geographers at home supposed it to be; which was an important point gained. The coming of Nansen had shewn us the futility of striving to reach a higher Northern latitude, than he had done, over the sea ice, with the draught power at our disposal. There remained therefore, two points of importance to settle about the Franz-Josef Land group of Islands - the determination of its Eastern and Western boundaries. The latter we judged to be the more important, as it was generally supposed to connect with Spitzbergen. So, during the winter months of 1896 we made preparations for the sledge-journey of 1897.
We had but one pony remaining out of our original four, two of them had made very good "beef"; sixteen dogs, also, were in more or less fit condition for the journey. Not only had we the experience of just three months previous journeying over the ice, but the benefit of Nansen's and Johansen's story of the fifteen months nomadic life in the desolate region which had now been our home for two long years.
We were therefore able to make many useful alterations in our clothing and food equipment both as regards warmth, weight, and convenience.
Each sledge-journey teaches something new, and although the discomforts of sledging can never be entirely done away with, much may be done to prevent them becoming hardships, if due care, attention, and common sense, are brought to bear on the subject by any ordinarily intelligent human being. Sir Leopold M'Clintock's dictum stands good for clothing, as a broad basis :- "Soft warm woollen underclothing; a stout cloth above, a close textured material over-all, which prevents wetting by snow and penetration by wind." Since his time woollen clothing has been made better, giving more warmth for comparative weight, cloth has also been improved and a gabordine material of the lightest and most pliable nature takes the place of duck over-alls.
During the Franklin Search Expeditions, furs were not used, though

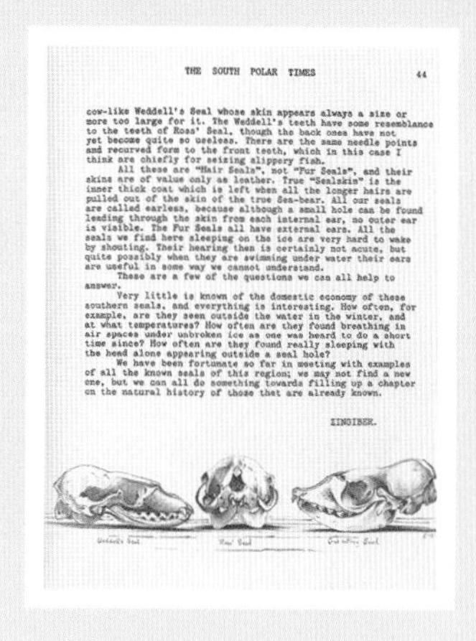

THE SOUTH POLAR TIMES 44

cow-like Weddell's Seal whose skin appears always a size or more too large for it. The Weddell's teeth have some resemblance to the teeth of Ross' Seal, though the back ones have not yet become quite so useless. There are the same needle points and recurved form to the front teeth, which in this case I think are chiefly for seizing slippery fish.
All these are "Hair Seals", not "Fur Seals", and their skins are of value only as leather. True "Sealskin" is the inner thick coat which is left when all the longer hairs are pulled out of the skin of the true Sea-bear. All our seals are called earless, because although a small hole can be found leading through the skin from each internal ear, no outer ear is visible. The Fur Seals all have external ears. All the seals we find here sleeping on the ice are very hard to wake by shouting. Their hearing then is certainly not acute, but quite possibly when they are swimming under water their ears are useful in some way we cannot understand.
These are a few of the questions we can all help to answer.
Very little is known of the domestic economy of these southern seals, and everything is interesting. How often, for example, are they seen outside the water in the winter, and at what temperatures? How often are they found breathing in air spaces under unbroken ice as one was heard to do a short time since? How often are they found really sleeping with the head alone appearing outside a seal hole?
We have been fortunate so far in meeting with examples of all the known seals of this region; we may not find a new one, but we can all do something towards filling up a chapter on the natural history of those that are already known.

ZINGIBER.

THE SOUTH POLAR TIMES 25

THE BALLAD OF THE SEAL & THE WHALE

I'll tell you a tale of a seal and a whale,
That lived in the far Southern sea.
The story they told to an Easterly gale,
The Easterly gale told to me.

In generic terms (I don't know who's to blame
For abusing these animals meek)
Leptonicotes Wedelli was the name
Of the seal: he'd object could he speak.

Now the whale had a name that would fill with surprise
A sage of the old-fashioned style.
Orca gladiator is a name that implies
A nature pugnacious and vile.

Before getting on with my yarn, I'll reveal
That Dame Nature her rule never bends.
For the Wedelli seal makes a very good meal
For the Orca, so they were not friends.

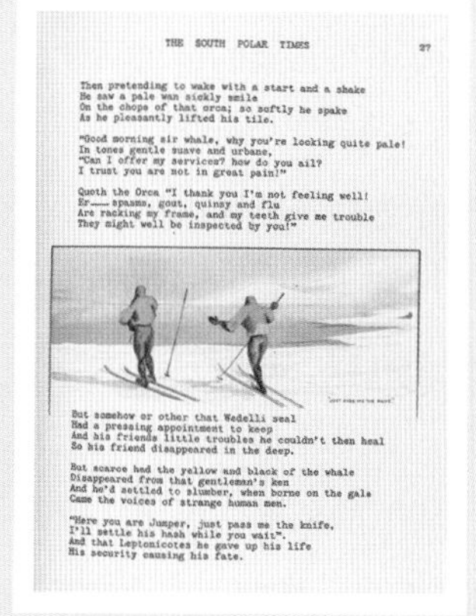

THE SOUTH POLAR TIMES 27

Then pretending to wake with a start and a shake
He saw a pale wan sickly smile
On the chops of that orca; so softly he spake
As he pleasantly lifted his tile.

"Good morning sir whale, why you're looking quite pale!
In tones gentle suave and urbane,
"Can I offer my services? how do you ail?
I trust you are not in great pain!"

Quoth the Orca "I thank you I'm not feeling well!
Er—— spasms, gout, quinsy and flu
Are racking my frame, and my teeth give me trouble
They might well be inspected by you!"

But somehow or other that Wedelli seal
Had a pressing appointment to keep
And his friends little troubles he couldn't then heal
So his friend disappeared in the deep.

But scarce had the yellow and black of the whale
Disappeared from that gentleman's ken
And he'd settled to slumber, when borne on the gale
Came the voices of strange human men.

"Here you are Jumper, just pass me the knife,
I'll settle his hash while you wait".
And that Leptonicotes he gave up his life
His security causing his fate.

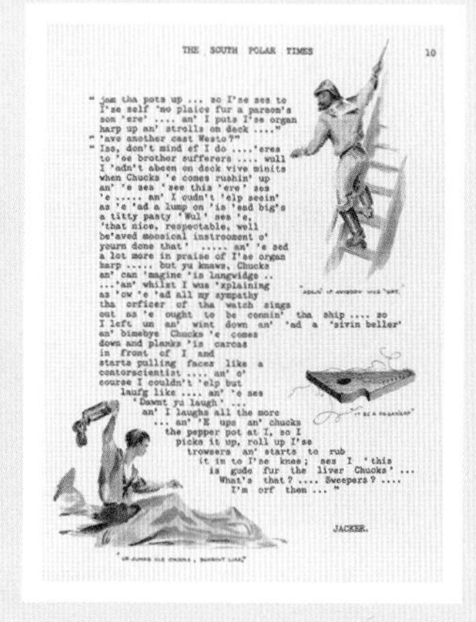

THE SOUTH POLAR TIMES 10

" jam tha pots up ... so I'se sez to I'se self 'no plaice fur a parson's son 'ere' .... an' I puts I'se organ harp up an' strolls on deck ...."
" 'ave another cast Westo?"
" Ise, don't mind ef I do ....'eres to 'ee brother sufferers .... wull I 'adn't abeen on deck vive minits when Chucks 'e comes rushin' up an' 'e sez 'see this 'ere' sez 'e ..... an' I cudn't 'elp seein' as 'e 'ad a lump on 'is 'ead big's a titty pasty 'Wul' sez 'e, 'that nice, respectable, well be'aved moosical instrooment o' yourn done that' ..... an' 'e sed a lot more in praise of I'se organ harp ..... but yu knaws, Chucks an' can 'magine 'is langwidge .. ...'an' whilst I wus 'xplaining as 'ow 'e 'ad all my sympathy tha orficer of tha watch sings out as 'e ought to be connin' tha ship .... so I left un an' wint down an' 'ad a 'sivin beller' an' bimebye Chucks 'e comes down and planks 'is carcas in front of I and starts pulling faces like a contorscientist .... an' o' course I couldn't 'elp but laufg like .... an' 'e sez 'Dawnt yu laugh' ... an' I laughs all the more ... an' 'E ups an' chucks the pepper pot at I, so I picks it up, roll up I'se trowsers an' starts to rub it in to I'se knee; sez I 'this is gude fur the liver Chucks' ... What's that? .... Sweepers? .... I'm orf then ... "

JACKER.

THE SOUTH POLAR TIMES 14

A sudden blizzard fills the air
With blinding gale of snow,
A comrade slipping in his stride
Shoots down toward death below,
Fling to his aid the ready hand,
Set teeth and muscles strain,
Give him the grip of comradeship
That will land him safe again.

Ours are the shuddering nights on snow,
The march of lifelong days,
The pain and strain of aching eyes
Across a drifted haze.
Lonely at night in our tent we lie,
While the cold blast o'er it blows,
The work we do, the death we die,
Not e'en a shipmate knows.

By beaten roads the old world goes,
With noise of work and pleasure;
But those who must, mid snow and gust
Take out a new world's measure.
We know just why the order comes
"The Old World Wants To Know,"
So we bend our backs till the harness cracks
And go onward o'er the snow.

SEA LEOPARD.

沙克尔顿一直是《南极时报》的编辑，直到他1903年离开探险队为止。威尔逊博士则为《南极时报》创作了大部分插图，这些插图通常伴随着诗歌、故事和文章。

斯科特、沙克尔顿和威尔逊与补给站小分队的合影，当时他们正准备前往南极点探险。由未知摄影师拍摄于 1902 年 11 月 2 日。

的补给点。

事实证明，这是一段痛苦的旅程。这些狗的精力很快就被耗尽了，此后人们一直在争论是否为它们的冬季饲料中配备了足够的鲜肉，而根据南森的建议所携带的鱼干不仅数量不足，其中一部分还由于在之前储存不当而受到了污染。

46

这些狗很快就开始死亡，这迫使威尔逊把死狗喂给活狗，并开始杀死较弱的狗。由于极不明智地按照以往的习惯对景物进行写生，威尔逊很快便患上了令人痛苦的雪盲症。沙克尔顿则患上了病因不详的咳嗽，最后甚至开始吐血。当船员们穿越那道平平无奇的冰障时，斯科特所表现出的焦躁也开始令其他人心烦意乱了，好在威尔逊发挥了缓和众人情绪的作用。此外，斯科特还错误地

1902 年 12 月 30 日—31 日，威尔逊和斯科特在他们所能抵达的最南端建立了营地。此时，他们已经为长达 483 千米的新海岸线绘制了地图。照片由沙克尔顿拍摄。

斯科特、威尔逊和沙克尔顿在返回“发现号”的时候被旁观者描述为：胡子一大把，头发肮脏，嘴唇浮肿，皮肤脱落，布满血丝的眼睛让人几乎认不出来。由未知摄影师拍摄于 1903 年 2 月 3 日。

计算了探险队所需干肉饼的数量，很快，饥饿和坏血病都开始折磨众人了。12月30日，在利用沙克尔顿带来的迷你李子布丁庆祝圣诞节后，探险队不得不在南纬82度17分向后折返，此时，他们距离南极点还有660千米。在杀死最后几条狗之后，船员们只能自己拖着剩下的雪橇往回走了，走到基地大约240千米的地方，沙克尔顿已经虚弱得没有力气做其他事情了。他踉踉跄跄地走着，偶尔坐在最后的雪橇上充当刹车片。在这种绝望的状况下，2月3日，船员们遇到了南下寻找他们的斯凯尔顿（Skelton）和伯纳奇（Bernacchi）。这次探险总共持续了93天，船员们总共走了大约1368千米，他们完成了南极洲迄今为止最长的雪橇旅行，并大大刷新了之前人类所抵达最南端的纪录。但他们都患上了坏血病，疲惫不堪，营养不良，而沙克尔顿身体的迅速垮掉也让人们对他的先天体质和健康状况产生了严重的质疑。

回到基地后，他们发现“晨曦号”已经抵达，并命令“发现号”返回利特尔顿。然而，“发现号”无法从坚冰中挣脱出来，斯科特没有坚持撤回，而是决定在“小屋岬”再度过一个南极的寒冬。3月2日，“晨曦号”带着沙克尔顿和另外8名探险队员起航返回新西兰——斯科特以需要治疗为由命令他们回家。然而，这一决定实际上是在违背沙克尔顿个人意愿的情况下做出的，或许是在上次冲向南极点的探险中，两人发生了冲突，从而导致斯科特做出了这一决定。

当斯科特不在的时候，阿米蒂奇发现了一条穿过沿海山脉通往维多利亚地冰原的道路，第二年（即1903年） 10月，斯科特率领一支队伍踏上了这条捷径。再一次，暴风雪令气温骤降到 -50℃，雪橇的突然损坏对于刚刚出发的探险队来说也不是一个好兆头。当船员再次出发时，天气变得更加恶劣了，雪上加霜的是，他们还失去了一本重要的导航手册，不过船员们还是冒着风雪继续前进，甚至超越了他们的装备所能承受的安全极限，爬升至海拔2700米的高度。12月中旬，探险队分成了两队，其中，斯科特、拉什利（Lashly）和埃文斯从山上的一个斜坡径直下滑了90米，重新找到了费拉尔冰川（Ferrar Glacier，那是他们上山时路过的地方）。这次下滑无人受伤，简直是个奇迹。事实上，斯科特和埃文斯在向下滑行的时候掉进了更深处的裂缝中，但拉什利帮助两人逃了出来，从而奇迹般地逃过一劫。12 月 24 日，探险队成功地完成了 81 天共计 1767 千米的雪橇旅行，并在没有狗的情况下安全返回“发现号”。他们发现，其他队伍也成功完成了自己的任务：威尔逊到克罗泽角去研究帝企鹅，罗伊兹和伯纳奇向东越过了冰障，阿米蒂奇对科特利茨冰川（Koettlitz Glacier）进行了勘测。随“晨曦号”赶来接替沙克尔顿的乔治·马洛克（George Mulock）中尉也已经对 200 多座山进行了勘测，从而令探险队绘制的新地图更加准确，海岸线相比以前延长了整整 480 千米。

斯科特现在担心的是，当“晨曦号”再次从利特尔顿赶来时，“发现号”能否从冰层中挣脱出来，与前者一起航行。1904 年 1 月初，斯科特和威尔逊向北出发进行探查，他们发现，“发现号”和开放水域之间大约有 32 千米的距离。不过，1 月 5 日，出现在小屋岬的不仅有“晨曦号”，还有另一艘船——吨位更大的“特拉·诺瓦号”（Terra Nova）。这两艘船都是受海军部指派一同赶来的。此前，海军部在国内对这次探险的安全问题进行了大量讨论，并表现出十足的担忧。这次，斯科特接到了明确的命令，如果冰面继续冻结，将放弃“发现号”。2 月初，这艘船仍被约 3 千米长的冰层所包围着，情况十分危险。14 日，利用爆破技术和海水膨胀效应，救援船终于抵达了“发现号”所在的地方。两天后，“发现号”完全恢复了自由，不过，这艘探险船还要再面临一次危险，那是在 17 日，当众舰绕过小屋岬时，一场大风把它吹到了一个浅滩上。对斯科特来说，“接下来的几个小时确实是我经历过的最可怕的时刻”，但海流的突然改变挽救了局面，“发现号”只受到了相对较小的损坏。这三艘船都向北驶向新西兰，由于科尔贝克（Colbeck）船长（曾是博克格雷温克探险队的重要成员）将大部分煤炭都给了“发现号”，因此，“晨曦号”率先起航。1904 年 4 月 1 日，三舰一起驶入利特尔顿，受到了人们的热烈欢迎。

49

这次探险是人类首次远距离穿越南极大陆，在地理、地质、生物以及地磁测量和气象等领域均取得了巨大的科学成果，填补了多项空白。在这一过程中，斯科特做了大量的工作，可谓厥功甚伟，今天剑桥的斯科特极地研究所

左图：照片上的四个人正在准备炸药，以炸开一条穿过海冰的路线，从而解救“发现号”。照片可能由 J.D. 莫里森拍摄于 1904 年 1—2 月。

中图：为了炸碎浮冰，照片中的人在冰面的三个炸点埋入棉火药并引爆。大约六周后，“发现号”终于从坚冰中挣脱出来。照片可能由 J.D. 莫里森拍摄于 1904 年 1—2 月。

左图：斯科特利用滑雪板从“晨曦号”返回时的情景，“晨曦号”是被海军部派去营救“发现号”或放弃“发现号”并带走探险队员的两艘救援船之一。照片由威廉·科尔贝克拍摄于 1904 年 1—2 月。

（Scott Polar Research Institute）的存在，在某种程度上，也是斯科特率领“发现号”进行首次探险航行所留下的长期遗产。

“关于没能抵达南极点，他对我说的唯一一句话就是‘一头活驴总比一头死狮子好，不是吗？’”艾米莉·沙克尔顿于1922年写道。

沙克尔顿与“猎人号”，1907—1909年

1903年6月，沙克尔顿回到英国，他很快就被卷入关于斯科特是否应该在南极洲度过两个冬天的争论之中。值得一提的是，斯科特的决定并不符合最初的计划，也没有得到上级的批准，一些人认为他未能将“发现号”从冰层中解救出来是缘于无能或从始至终就是一场阴谋。后来，在探险队经费告罄的背景之下，海军部仍然觉得有必要资助一次救援之旅，于是，在“晨曦号”之外又额外购买了“特拉·诺瓦号”，并且派两艘救援船共同前往南极。显然，海军部的举动引发了公众的关注，有人谴责其滥用经费。在马卡姆的授意下，沙克尔顿公开为探险队辩护，并帮助“特拉·诺瓦号”为南极之旅做准备，但他拒绝搭乘该舰再次前往南极。

沙克尔顿于1874年2月15日出生在爱尔兰基尔代尔郡（County Kildare）一个拥有土地的盎格鲁－爱尔兰新教徒家庭。从1880年起，他全家都住在都柏林，1884年，他的父亲（当时是一名医生）带着全家搬到了伦敦南部的西德纳姆（Sydenham）。沙克尔顿是家里的第二个孩子，和斯科特一样，他也是两兄弟中的大哥，但他有八个而不是四个姐妹。和斯科特一样，11岁之前他都是在家里接受教育的，后来上了德威士学院（Dulwich College），这是当地一所中产阶级公立学校。沙克尔顿不是学者，但喜欢阅读和诗歌，尤其是布朗宁（Browning）的作品，他后来经常引用布朗宁的诗句。沙克尔顿很受欢迎，他喜欢浪漫的冒险故事。16岁时，沙克尔顿决定要去航海。为了打消他这个念头，父亲的表兄给他找了个工作，在一艘横帆船上当学徒，这艘船要绕过合恩角（Cape Horn）开往瓦尔帕莱索（Valparaiso）。

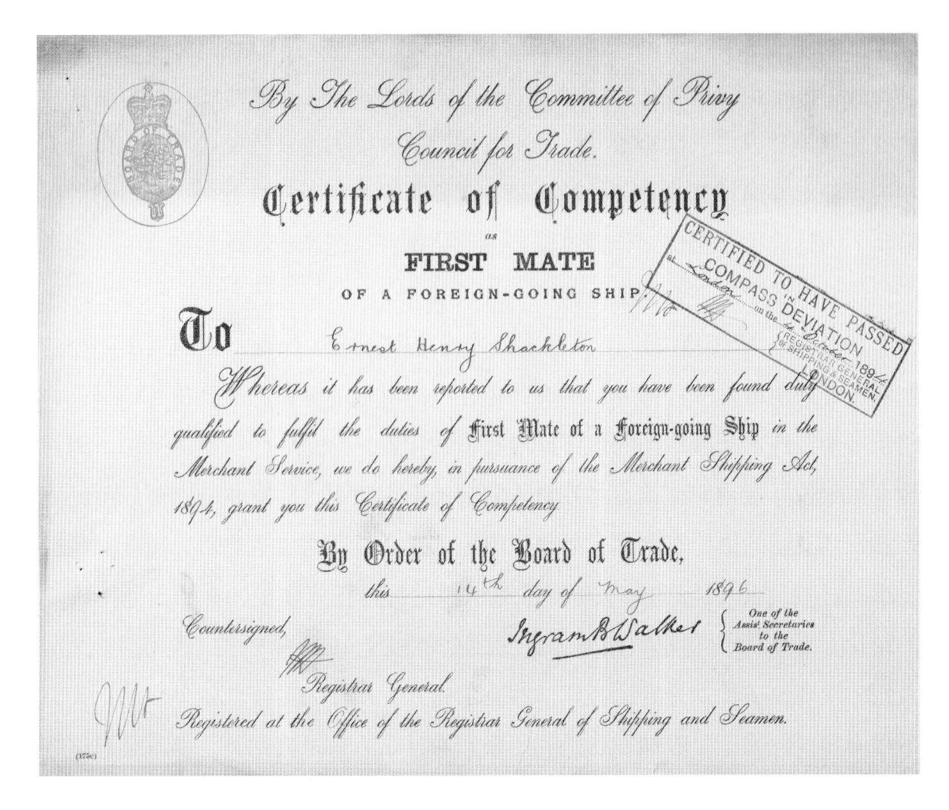

By The Lords of the Committee of Privy
Council for Trade.

Certificate of Competency

as

FIRST MATE

OF A FOREIGN-GOING SHIP

To Ernest Henry Shackleton

Whereas it has been reported to us that you have been found duly qualified to fulfil the duties of First Mate of a Foreign-going Ship in the Merchant Service, we do hereby, in pursuance of the Merchant Shipping Act, 1894, grant you this Certificate of Competency.

By Order of the Board of Trade,

this 14th day of May 1896

Countersigned, Ingram B Walker { One of the Assist. Secretaries to the Board of Trade.

Registrar General.

Registered at the Office of the Registrar General of Shipping and Seamen.

CERTIFIED TO HAVE PASSED IN COMPASS DEVIATION at London on the ... 1894 REGISTRAR GENERAL OF SHIPPING & SEAMEN. LONDON.

(175c)

沙克尔顿的大副证书，发放日期为 1896 年。沙克尔顿的早期职业生涯较为丰富，在 1901 年加入英国南极探险队之前，他在帆船和蒸汽商船上都工作过。

50

然而，这非但没有缓解沙克尔顿的航海欲，反而令其更加根深蒂固了。接下来的四年他都在这艘船上度过，其间不但成了签约水手，还成功获得了二副证书。随后，沙克尔顿转到不定航线蒸汽运输船上工作（主要目的地是远东）。1898 年 4 月，24 岁的沙克尔顿获得了船长证书。第二年，他又转到前往南非的联合城堡航线上工作，并成为皇家地理学会会员，因为他对探险怀有浓厚的个人兴趣。

1900 年，沙克尔顿在“廷塔哲城堡号”（Tintagel Castle）商船上担任三副时遇到了“发现号”探险队主要私人赞助者的儿子塞德里克 · 朗斯塔夫（Cedric Longstaff）。当时，正值布尔战争如火如荼，塞德里克就是在随团乘

51 船出征的途中偶然结识沙克尔顿的。这时，沙克尔顿爱上了艾米莉·多尔曼（Emily Dorman），她是他一个姐妹的朋友，她那富裕的律师父亲很喜欢沙克尔顿，但不赞成二人的婚事。烦躁不安的情绪、爱国主义冒险的吸引力以及希望脱颖而出并赢得艾米莉芳心的愿望，驱使沙克尔顿毛遂自荐加入斯科特的探险队，为达成这一目标，他通过年轻的塞德里克，先结识了他的父亲——也是一位热心的皇家地理学会会员。

1903 年，斯科特决定让沙克尔顿先行回家，这对沙克尔顿的期望和他的职业自尊来说都是一种侮辱。同时，也让人们对他的健康状况产生了疑问，并暗示了他在加入探险队的时候可能没有坦诚相告。这是一个敏感的问题，因为沙克尔顿曾尽量逃避体检。尽管身体和精神都很坚强，沙克尔顿却似乎已经逐渐意识到自己的体质有问题，但他拒绝承认这一点。在南行之后，应斯科特的要求，科特利茨（Koettlitz）曾对沙克尔顿进行过正式体检，并给出了不确定的结论，即认为他有哮喘倾向。直到沙克尔顿于 1922 年去世（年仅 47 岁），人们才发现他还长期患有冠心病。沙克尔顿究竟从什么时候开始患病的，我们不得而知，但无论是吸烟，还是利用强大的意志力来忍受困苦，都不会对这些情况有任何缓解。

到 1902 年，沙克尔顿也见证了斯科特作为领导者的品质。斯科特是一位传统的、有阶级意识的海军军官，他的社交魅力掩盖了他的野心勃勃、不择手段。斯科特的权力是基于他的职位而不是人格力量。另外，即使考虑到斯科特极度缺乏经验的客观情况，他也犯下了一些严重错误。相比之下，沙克尔顿更富有人格魅力，他与探险队的大多数成员——军官和士兵，就像他曾经工作过的其他船只一样，都建立了一种轻松、融洽的关系，并且对自己的领导能力有一种天生的信心。毫无疑问，斯科特觉得他的领导地位受到了挑战，而沙克尔顿的暂时崩溃是一个很有用的借口，可以将其驱逐出队伍。斯科特回到本土后的言行证实了这一点。在一次重要演讲和关于“发现号”探险的公开报道中，斯科特巧妙地将他们未能在 1902 年继续南下的原因归咎于沙克尔顿糟糕的健康状况，不但掩饰了自己和威尔逊的缺点，还夸大了他们被迫将沙克尔顿当作一名“雪橇乘客”而拉到安全的地方所费的力气。这对沙克尔顿来

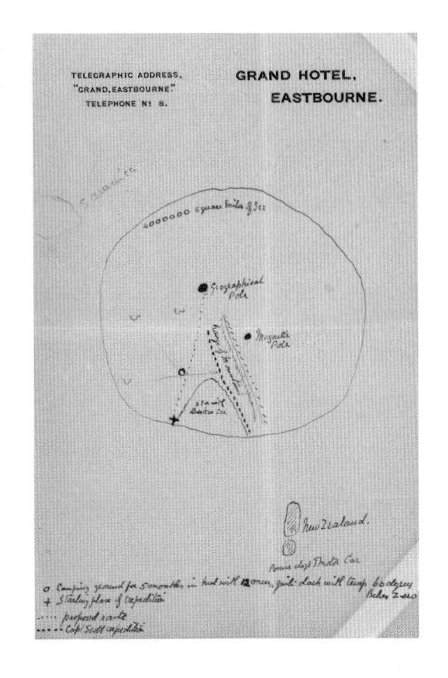

沙克尔顿在 1907 年绘制的一张草图，概述了他最初提出从罗斯海的另一侧抵达南极点的路线，这条路线与斯科特的计划完全相反。

说是一种耻辱，尽管他并没有在与斯科特的私交中表现出来。当然，沙克尔顿没有过多的考虑自己的问题，尽管他急需维护自己的名誉，甚至是多个方面的名誉。

在此期间，沙克尔顿曾担任苏格兰皇家地理学会的秘书，还短暂地担任过议会候选人和记者，他还不定期地参与了各种其他商业活动，在这些活动中，他表现出了极强的自我展示能力。沙克尔顿也终于和艾米莉结婚了，当初他加入“发现号”探险队有部分原因就是为了赢得她的芳心。 52

沙克尔顿几乎刚一回来，就催促马卡姆帮助他准备一场新的探险之旅（但未能成功），沙克尔顿的想法是将抵达南极点作为一次经过深思熟虑的行动，而不是在科学掩护下的次要目标。这将洗刷他之前的耻辱。从此之后，沙克尔顿和斯科特在公共场合仍保持文明交往，但彼此避而远之。然而，斯科特的诋毁（沙克尔顿对此心知肚明）并不是他唯一的动力，这段时间发生的事情还包括：1903 年，拉森（Larsen）和奥托·诺登舍尔德（Otto Nordenskjöld）搭乘的探险船“南极号”（Antarctic）在威德尔海被浮冰撞毁后，阿根廷人对其展开了激动人心的营救行动；其次，苏格兰探险家 W.S. 布鲁斯（W.S. Bruce）对同一海域进行一次私人探险后，成功返回了克莱德河[①]，其欢迎仪式就是由沙克尔顿组织的；还有，阿蒙森于 1903—1906 年首次横穿西北航道的尝试。在这一时期，美国也正在制订前往北极点的探险计划。

到了 1907 年 2 月，沙克尔顿终于如愿以偿，开启了一场完全属于他的南极探险，不过，尽管他探寻的海域充满巨大的商业机遇，但并没有拉到多少现金赞助。一位脾气古怪的女崇拜者向沙克尔顿提供了 1000 英镑借款；苏格兰实业家威廉 · 比尔德莫尔（William Beardmore）为其担保借款 7000 英镑——沙克尔顿曾为比尔德莫尔工作过一段时间，并且成了他妻子的密友；还有一位矿业投机商也答应为沙克尔顿提供支持，但作为回报，沙克尔顿要将本次探险中发现的任何矿产的开采权出让给该投机商。沙克尔顿获得的大额资助就只有这三项了。进一步的资金来自沙克尔顿承诺在返回后创作的文章、演讲、书籍甚至电影。

53

"1907 年英国南极探险队"以惊人的速度组织起来，这主要是因为沙克尔顿曾邀请威尔逊和马洛克加入自己的队伍，虽然没有成功，却从后者那里得知了一个重大消息：斯科特已经在考虑进行第二次探险了。沙克尔顿意识到他可能会在与斯科特的公开竞赛中失败，因此他试图避免这样的局面。沙克尔顿最为失望的一点是他发现威尔逊坚定地支持斯科特的声明，即要求沙克尔顿放弃使用麦克默多湾基地的计划，因为斯科特声称自己拥有该基地的专有权。当斯科特将所有权范围扩展到罗斯海的一侧，也就是整个维多利亚地时，沙克尔顿最大的错误是签署了一份书面承诺，保证以东侧为基地，并且在任何情况下都不会偏离到 170 度经线以西。

沙克尔顿的准备工作与斯科特相似，但也不尽相同。他没有招募科学家和普通海军士兵，而是招募了冒险家。这些人像他一样，有着体面的背景，但大多数不安分、不守规矩、不甘于平凡。为获得相关设备，沙克尔顿造访了挪威。此外，他还咨询了担任挪威驻伦敦公使的南森。不过，沙克尔顿随后就将

① 克莱德河：位于苏格兰境内。

南森和其他挪威人在探险中使用滑雪板和雪橇犬的建议抛诸脑后了。他带到南极的唯一一批狗还是在启程前的最后一刻从新西兰捡到的，且只有 9 条。相反，在弗雷德里克 · 杰克逊（Frederick Jackson）的劝说下，沙克尔顿采购了 12 匹矮马。但实际上，杰克逊自己在弗朗茨 · 约瑟夫地运用矮马的尝试并没有取得成功。这一点和沙克尔顿打算步行而不是滑雪前往南极点的想法同样引人注目，他最初的设想是拖着一艘轻巧的小船穿越南极点，并利用这艘小船在威德尔海的某个会合点与探险船会合。最后，令人意外的是，这艘小船被留在了后方，这说明，即便在当时，沙克尔顿也已经意识到，穿越南极大陆是不切实际的。不过，比尔德莫尔给了他一辆经过特别改装的汽车——这也是人类在南极大陆所使用的第一辆汽车，而这辆汽车辜负了沙克尔顿的期望——它能够在坚实的地表正常行驶，但在雪地上就动弹不得了。此外，沙克尔顿仍然被资金不足的问题所困扰，尤其是当矿业投机商未能兑现诺言为其提供支持的时

一张关于探险船“猎人号”的明信片，上面嵌有沙克尔顿的肖像。这些物品表明了公众对南极探险及其指挥官的兴趣。

候。最后，沙克尔顿的弟弟兼顾问弗兰克（Frank）还被卷入一起备受瞩目的爱尔兰王冠珠宝失窃案中。至于探险船，沙克尔顿唯一能负担得起的是一艘舰龄达 40 年的 300 吨辅助捕海豹船，其舰名为“猎人号”（Nimrod）。1907 年 7 月 30 日，在鲁伯特·英格兰（Rupert England，曾在“晨曦号”担任大副）的指挥下，“猎人号”从伦敦正式启航。

54

尽管斯科特资金充裕，但他花了整整两年时间为远征做准备，而手忙脚乱的沙克尔顿只用了 7 个月的时间来为远征做准备。当时正值“考斯帆船赛周”（Cowes Week），英国皇家海军本土舰队正在为大规模阅兵做准备，因此，当“猎人号”按照皇室命令停泊在索伦特海峡（Solent）的时候，实际上就停泊在众多军舰的炮口之下。爱德华七世和亚历山德拉王后登上了“猎人号”，和斯科特一样，沙克尔顿被授予皇家维多利亚勋章，并由王后赠送了一面英国国旗。随后，“猎人号”航行至新西兰。在最后一轮令人绝望的筹款之后，沙克尔顿本人乘坐汽船从马赛经苏伊士前往澳大利亚，并与善解人意的艾米莉告别——她只能靠自己微薄的收入来养活两个年幼的孩子。

55

但在澳大利亚，沙克尔顿立即成为公众的焦点，并获得了急需的支持。他聘请了威尔士出生的著名地质学家埃奇沃思·戴维教授（Edgeworth David），教授的影响力使他从澳大利亚政府获得了 5000 英镑的资助，而且提高了整个探险队的科学公信力。和戴维一起来的还有一位年龄偏大的学生——道格拉斯·莫森（Douglas Mawson），他是沙克尔顿探险队的物理学家。两人后来都在南极赢得了声誉和爵士身份，莫森后来甚至成为新探险队的领导者。新西兰政府提供了 1000 英镑，并且承担了将“猎人号”拖到南极的一半费用。不过，人们后来发现，该舰已经不堪重负，无法携带足够的煤炭，因此不得不留下 5 匹矮马和其他物资。承担拖曳任务的拖船名为“科尼亚号”（Koonya），船长是弗雷德里克·埃文斯（Frederick Evans）。将“猎人号”拖到南极的过程可谓是一部“史诗”，埃文斯利用高超的操舰技术，克服了前所未见的猛烈风暴，最后终于完成了任务。1908 年 1 月 15 日，“猎人号”被拖到了南极圈内。

刚到南极，沙克尔顿就打破了自己只在罗斯海东侧建立基地的诺言，后来斯科特和他的支持者们也公开指责他不讲信用。自 1902 年以来，冰障的前缘已经完全改变了模样。此前他们搭乘氢气球升空的地点——"冰障入口"（Barrier Inlet）已经消失了，由于到处都是浮冰，他们无法在麦克默多湾以外的任何地方找到登陆点。沙克尔顿在罗斯岛的罗伊兹角（Cape Royds）建立了一个新基地，因为"猎人号"无法克服坚冰的阻碍，到达斯科特在小屋岬设立的锚地。面对极其困难的登陆条件，沙克尔顿与船长英格兰在如何处理"猎人号"这一问题上产生了严重的分歧，鲁伯特·英格兰返回利特尔顿后，打开了一封来自沙克尔顿的密封指令，上面宣布他被解雇了。这个消息与沙克尔顿违背对斯科特的承诺的消息一起传回了本土，它们与弗兰克·沙克尔顿的风流韵事以及针对欧内斯特·沙克尔顿本人违规使用探险队贷款的事情结合在了一起。现在，沙克尔顿不仅仅是在地理概念上处于孤立无援的境地了，他债台高筑，被赞助人疏远，有一段时间甚至连雇人救助"猎人号"的本钱都没有了。

57

1908 年 3 月，在冬季来临之前，沙克尔顿率人登上了埃里伯斯山（Mount Erebus）的山顶，这本来不在计划之内，因而极度危险，但也是探险队在罗伊兹角所取得的唯一成就了。外科医生埃里克·马歇尔（Eric Marshall）曾禁止沙克尔顿参加这次冒险，除非他身体合格。但沙克尔顿拒绝接受检查，他决定由自己、戴维、莫森、亚当斯中尉（Adams，探险队的副队长）、两位医生马歇尔和麦凯（Mackay），以及队伍中 20 岁的冒险家菲利普·布罗克赫斯特（Philip Brocklehurst）男爵进行攀登。这是一场业余登山者的胜利，队员们甚至没有穿合适的靴子，而且还伴有严重的高原反应，但他们还是靠近了冒烟的火山口，根据测算，埃里伯斯山的海拔高度为 4115 米。

沙克尔顿的领导风格与斯科特截然不同。他率领属下搭建的小屋中没有"军官室"，探险船上也不设置"军官寝居甲板"，所有的人都住在一起，沙克尔顿作为领导者的唯一特权是拥有一间私人寝室。虽然气氛有些紧张，但在整个冬天里，沙克尔顿所表现出的成竹在胸，以及戴维所表现出的成熟稳重和彬彬有礼，令队员们的心态一直保持平衡，这还得益于由马歇尔制订的相当先进

登上埃里伯斯山的山顶是沙克尔顿探险队所取得的第一个成果。当时他记录到：“我们站在一个巨大深渊的边缘，有巨量的蒸汽充满了整个火山口。”照片由道格拉斯·莫森拍摄于 1908 年 3 月 10 日。

的饮食制度，其中包括大量的新鲜海豹肉、罐头水果和番茄（都能有效地抵御坏血病）。和斯科特一样，他们并没有去认真尝试完善滑雪板或训练雪橇犬，这些狗也因为缺乏锻炼而感到厌倦。从 8 月开始，当沙克尔顿通过海冰向小屋岬运送物资时，都是用人力拉车，或利用汽车（只能在长几千米的硬地面上行驶）运货。10 月初，戴维、莫森和麦凯踏上了一场史诗之旅，他们将前往维多利亚地高原，以实现罗斯的夙愿——到达南磁极。11 月 3 日，沙克尔顿、亚当斯、马歇尔和维尔德（Wild）在小屋岬以南 160 千米处设立了一个靠前补给站，7 天后，他们带着 4 匹幸存的矮马出发了。他们成为人类历史上首支将抵达南极点作为目标的队伍。沙克尔顿计算了一下，从罗伊兹角出发抵达南极点的路程为 1202 千米，他希望这次穿越冰障的路线是笔直且相对平坦的。探险队携带了 91 天的食物。不过，考虑到各种因素可能会将旅程延长到 110 天，这意味着他们每天至少要走 20 千米。那些狗（数量严重不足）被留在了后方。没有滑雪板的人和矮马其实一样，他们的脚每走一步都会陷进雪里，但到了 11 月 26 日，他们用 23 天就通过了斯科特和沙克尔顿第一次旅程所抵达的最南端，而当时花了整整 59 天。

58

到 12 月 1 日，他们只剩下 1 匹矮马了，另外 3 匹矮马都因为身体虚弱而被射杀并作为食物储存起来。冰障前缘是一排山脉，当时探险队员们还不知道这就是最高海拔达到 4800 米的横贯南极山脉（Transantarctic Range），其从罗斯海一直延伸到了内陆。两天后，他们越过巨大的压力冰脊，爬上了一个被称为“门户”（Gateway）的低矮山口，并在那里发现了他们的目标——一条蜿蜒上升的、令人敬畏的、长达 160 千米的巨冰正从极地高原上滑落下来，沙克尔顿后来将其命名为比尔德莫尔冰川（Beardmore Glacier）。这是为数不多的几条上山的路线之一，但本身就潜藏着很多危险。当探险队员们通过雪地时，队中的最后一匹矮马陡然消失在某条隐蔽裂缝中（一共多达数百条），这将比尔德莫尔冰川的危险赤裸裸地展现在队员们面前，他们在震惊之余，也感到痛苦和惋惜——自己的食物荡然无存了。到圣诞节那天，他们已经爬到海拔 2895 米的山顶，距离“家”885 千米，距离目的地南极点则还有 400 千米的路程。

59

沙克尔顿、维尔德和亚当斯在他们所能抵达的最南端（88 度 23 分）的合影。沙克尔顿记录道："这是我们在外面的最后一天。我们已经打好了预防针，准备撤回……不管有什么遗憾，我们已经尽力了。"该照片由 E.S. 马歇尔拍摄于 1909 年 1 月 9 日。

此时，探险队员们只剩下不到一个月的补给，而且他们的前进速度也降到了每天约 15 千米，面对仍在不断抬升的崎岖地表以及持续的逆风和暴雪，在有些日子里，他们甚至无法离开帐篷。

到 1909 年 1 月 1 日，探险队员们已经比以往的任何人都更接近南极点，但严重的高原反应影响了沙克尔顿，因为他们已经在 –30℃左右的低温下穿越了 3353 米的等高线。此外，探险队员们还忍受着衣衫褴褛的痛苦。此前，为了减轻重量，他们曾尽可能地丢弃了很多衣服，结果导致体温低于科学上所说的临界水平。探险队员们也越来越营养不良。1909 年 1 月 9 日凌晨 4 点，随着另一场暴风雪的消逝，他们离开帐篷和雪橇，最后一次向南冲去，将亚历山德拉王后给他们的英国国旗插在南纬 88 度 23 分的地方。这里距离南极点只有 156 千米，比斯科特曾经到达的最南端还要远 589 千米。拍完照片后，探险队员们立即折返，现在他们处于顺风状态，甚至有了一个绝佳的助力器——利用帐篷的布做成的风帆。不过，探险队员们的身体已经很虚弱了，他们的生存完全依赖于沿着自己的来路往回走，并找到路上留下的小补给点。而当他们丢失了计算行进里程的雪橇计程表后，这项任务变得更加困难了。1 月 20 日，探险队只剩下一天的食物，饥饿迫在眉睫，但他们在比尔德莫尔冰川的顶部附近发现了第一个补给点和之前留下来的多余衣物，从而挽救了自己。这时，尽管海拔高度在迅速下降，但沙克尔顿还是因呼吸困难和体温过高而晕倒了，有一段时间队员们不得不把他抬上雪橇，拉着他前进。这几乎成了上次“发现号”探险行动的场景重现，唯一的不同之处是队员们没有患上严重的坏血病。幸运的是，天气很好。不过，当他们已经非常靠近 64 千米外的下一个补给点的时候，每个人都精疲力竭了，只有马歇尔能到达那里并带回食物。最后，在经过大冰障的时候，沙克尔顿恢复了健康，但同样绝望的过程在一个又一个补给点中重演，当队员们吃了留在冰障底部的矮马肉之后，又患上了痢疾。

在最后 480 千米的旅程中，队员们慢慢垮掉了，唯一能拯救他们的是晴朗的天气和坚强的意志，以及来自最后离开罗伊兹角的那些人的帮助。根据沙克尔顿留下的命令，乔伊斯（Joyce）等人从 1 月 15 日开始，分两次布设了一个大型堆积式补给点，其位置就在小屋岬以南 80 千米处。为执行这一任务，乔伊斯成功地运用了沙克尔顿留下的狗，出于兴趣，乔伊斯花了大量精力将它们训练成一个“紧密”的队伍，并取得了良好的效果。沙克尔顿一行人在 2 月 23 日到达了这一地点，并获得了充足的食物，不过，沙克尔顿也同时从乔伊斯留下的笔记中得知，探险队必须在五天之内赶到小屋岬的营房，因为届时“猎人号”就要离开南极驶回新西兰了，留下他的队伍自生自灭。事实上，这一日期是早就定好的。就探险开始时所携带的食物而言，沙克尔顿一行人现在已经逾期一个月了。因此，本应从 2 月 25 日开始为他们派驻的瞭望员都没有到岗。

60

最后，马歇尔无法再继续前进了，而沙克尔顿和维尔德被迫进行了 40 小时 48 千米的急行军，途中几乎没有食物，只有短暂的休息，终于在 2 月 28 日

南极点探险队终于登上了“猎人号”（从左至右分别是：维尔德、沙克尔顿、马歇尔、亚当斯）。沙克尔顿写道：“在过去的 10 天里，我们被抛弃了，被以 100 种不同的方式杀害。”该照片由未知摄影师拍摄于 1909 年 3 月 4 日。

尽管英国皇家地理学会不愿意承认“猎人号”探险航行的成就，但他们还是向沙克尔顿颁发了一枚金质奖章，并向探险队的其他成员颁发了该奖章的银质复制品。

晚上赶到了“发现号”留下的小屋。出人意料的是，这座小屋已经被遗弃了，而且也没有留下任何补给品，只留下戴维写的一张字条，说其他人都很安全，但暗示“猎人号”可能已经踏上归程了。绝望的气息一直笼罩着沙克尔顿，直到第二天早上，由埃文斯指挥的“科尼亚号”从一片相对安全的海域返回，并派出一支小型越冬队在此地登陆，其指挥官正是莫森。这支队伍是人们在船上经过多次争论后匆忙派出的，其唯一任务就是寻找沙克尔顿等人的遗体。沙克尔顿已经有超过 50 个小时没有好好睡觉了，他坚持要立即带人去营救马歇尔和亚当斯，小屋距离两人所在的地方有 100 千米，他们只能步行前往并返回（需要耗费两天时间），因为狗都在罗伊兹角等待登船。鉴于沙克尔顿此前曾经历身体崩溃，以及目前极度疲惫的状态，这是对他非凡责任心和超常耐力的一种展现。当众人于 3 月 3 日返回后，沙克尔顿命令“猎人号”立即启程前往新西兰，当时，随着冬季临近，南极海域的浮冰正在逐渐聚集，每多停留一天，舰船被困住的风险就会增大很多，因此，探险队甚至将部分行李和设备遗弃在了岸上。

第三章

白色战争

英国著名小说家、政治家H.G.威尔斯(H.G. Wells)曾将20世纪初期描述为一段严肃紧张但乐观的时期。在预言世界将会有飞机、空调和舒适的郊区生活的同时，威尔斯也预言了世界会爆发战争，新战争甚至会比1900年伊始英国卷入与布尔人之间的冲突更为激烈和广泛。届时谁会是敌人呢?谁也说不准。一些报纸警告说，法国可能会趁英国在南非分心的时候联合盟友对伦敦发动一次突袭。后来，随着德国人开始大张旗鼓地建造新舰艇并与英国的无畏舰队相抗衡，他们更有可能成为敌人。

THE ADVENTUROUS VOYAGE OF THE "DISCOVERY," AND THE SLEDGE JOURNEY TO THE FURTHEST POINT SOUTH EVER REACHED BY MAN.

BY LIEUTENANT E. H. SHACKLETON, ONE OF THE THREE OFFICERS WHO REACHED THE MOST SOUTHERLY LATITUDE YET ATTAINED.

PART II.

OF THE SLEDGE-PARTIES already referred to, one, consisting of three officers, went out to examine the land to the South, to see if it were possible to proceed on any lengthened journey in that direction; another, under Lieutenant Royds, to try and place a record at Cape Crozier; and another, under the captain, to establish a depôt towards the South. These expeditions were hampered by the extreme cold and the unsuitable conditions of the weather at that time. It was during the return of a portion of Lieutenant Royds' party, under Lieutenant Barne, that the only fatal accident occurred. One of the men, in a furious blizzard, fell over an ice cliff and was drowned. One must be on the spot to realise what these blizzards mean, when nothing can be seen while the wind lasts, and it is fortunate that more were not lost throughout the whole Expedition. In spite of the most careful management and attention to detail in the work of sledging, these accidents are liable to occur. All that man could do for the safety of his party was done on that occasion by Lieutenant Barne. He himself suffered most severely, being badly frostbitten. His resource and care have made him deservedly popular with the men who served under him.

THE END OF THE ONLY BALLOON ASCENT IN THE ANTARCTIC, FEBRUARY 4, 1902: DEFLATING THE BALLOON.

PHOTOGRAPH BY LIEUTENANT SHACKLETON.

The captive balloon ascent took place at an inlet in the Barrier, and was the first ever made from a field of ice or under such weather conditions as then prevailed. The balloon, which ascended 750 feet, was inflated with hydrogen carried by the "Discovery." Owing to the peculiar atmospheric conditions, it required 1000 cubic feet more gas than it would have done in a more temperate climate. Note in the rigging the ship's larder of seal-meat.

令英国的对手们感到高兴的是，南非的战争一开始进行得并不顺利。英军在斯皮温山（Spion Kop）和其他地方都兵败如山倒，损兵折将。罗伯特·巴登–鲍威尔（Robert Baden-Powell）和他的手下被布尔人围困在马弗京（Mafeking），好不容易才逃出生天。然而在英国国内，人们在大街上为这一“壮举”而欣喜若狂，这为他们带来了一个新词——“maffick”（意为“狂欢庆祝”）。当时流行的一首打油诗：妈妈，我可以去胡闹，到处乱闯，妨碍交通吗？（Mother may I go and maffick, rush around and hinder traffic？）颇有讽刺意味。但这并不能掩盖有识之士的担忧：与祖先相比，现代英国人似乎正变得更加颓废。巴登–鲍威尔很快便因其在遭遇敌人围攻时所起到的重要作用而成为英雄，回国后，他看到如今的大英帝国正在陷入颓废和衰落，与以往罗马帝国的衰败过程有着令人不安的相似之处，为了扭转这种风气，他创立了童子军（Boy Scouts）。巴登–鲍威尔提出警告说，当今英国人的身体机能存在退化的风险。他回顾了罗马人是如何陷入困境的，因为他们的士兵在身体和力量上远达不到他们祖先的标准。 63

这种自我否定和怀疑助长了英国社会对英雄的渴望，因为英雄是有形的、是具体的，可以最大限度地彰显英国的伟大。但这些英雄不能是耀武扬威、夸夸其谈的人。长期以来，英国式的英雄都必须具有以下一些尊贵品质：他必须

一位不列颠英雄。这是一张纪念明信片，上面有斯科特上校的肖像，他的座舰“特拉·诺瓦号”，以及南极的风景。该明信片在斯科特去世后印制，它显示了当时的媒体是如何将他介绍给英国公众的。

64 低调、谦虚，但能在逆境中始终保持乐观、百折不挠。1874 年，当李文斯顿（Livingstone）被安葬在威斯敏斯特教堂时，媒体称赞其为“勇敢、谦虚、自我牺牲的非洲探险家”，并称这种美德“是我们的国家一直提倡的，是我们的宗教所教导的，也是我们所要崇尚的，并应该努力培养和保护”。

巴登－鲍威尔本人似乎就是这种不苟言笑英雄的典型代表，他从马弗京发出的电报都十分简短，诸如“一切都好”“敌人炮击了 4 个小时”“一条狗被炸死了”，等等。神话制造者们是如此热衷于强化这一形象，他们甚至声称巴登－鲍威尔在童年时期都从未哭过。

爱德华时代的人普遍认为，一个真正的男人应该为国王、国家和战友表现出英雄气概，而不是出于个人野心。此外，赢得胜利固然很重要，但并不是一切。有风度和勇敢的失败者同样会受到极大尊重。尽管英国在 1908 年伦敦奥运会上以 56 枚金牌位居奖牌榜榜首，但当亚历山德拉皇后向意大利马拉松运动员杜兰多·皮特里（Durando Pietri）颁发安慰性金杯时，反而赢得了最为热烈的掌声。他在最后一圈时还保持领先，但不小心摔倒了，随后因为在冲过终点线时接受他人帮助而被取消了比赛资格。同样受到赞扬的是在亨利镇举行的一次英国队和荷兰队的划船比赛，其间荷兰队的船不小心搁浅在了岸边，但英国队并没有趁机拉开距离，而是极富骑士精神地等着荷兰人把船划出来，继续比赛。

G.A. 亨利（G.A. Henty）、鲁德亚德·吉卜林（Rudyard Kipling）和柯南·道尔（Conan Doyle）的文学作品中所描绘的当时社会的理想英雄，也都具有某些共同特质——他们通常都比较孩子气、书生气，但也都很热血。《彼得·潘》的创作者、斯科特上校的朋友 J.M. 巴里（J.M. Barrie）在《像英国绅士一样生活》一书的序言中也捕捉到了这种理想化英雄的特质——天真而质朴。这是斯科特去世后，巴里为其撰写的一篇寓言式的致敬文章："于是这位英雄说，我要去寻找南极，这将是一次大冒险。"

前往南极进行探险对于爱德华时代的人来说的确是一次"大冒险"，它满足了身处转型期社会的人们的一些心理需求。首先，出于民族自豪感和优越感，英国人要求政府对南极宣示主权。从库克船长到詹姆斯·克拉克·罗斯（James Clark Ross）及以后的时代，英国人在探索南极方面一直处于领先地位。然而，在更深的心理层面上，南极洲代表了一个终极试验场，一种对信念的追求，在那里，英国人可以证明他们保留了过去的男子气概。1901—1904 年"发现号"南极探险的推动者克莱门茨·马卡姆爵士就曾着力培养人们的这种思想，他为探险队员们设计了像中世纪三角旗一样的雪橇旗帜。

65

另一个因素是，南极洲过于遥远，因此蒙上了一层神秘的面纱。就像巴里笔下的"梦幻岛"（Neverland）一样，这个充满迷雾和传说的地方是普通人所无法企及的。1901 年，斯科特、沙克尔顿和其他人启程前往南极时，曾进入一片隐没在巨大冰障后面的、完全未知的领域——一片白茫茫的、一望无际的荒原。当时，人类在通信技术方面已经有了很大进展。1897 年，维多利亚女王只需要在白金汉宫按下一个按钮，就能利用电报向整个帝国广播她的消息，这些消息可以在两分钟内经过德黑兰，并最终抵达其领土的最远角落。尽管这些科技创新很迷人，但在南极可以说是完全没有用武之地。一旦探险家们驶过南方的地平线，世界就对他们的奋斗和成就一无所知了，直到他们或救援船在下一季新闻中出现为止。

起初，公众对南极洲的兴趣相当有限。然而，像《每日邮报》(1896年创刊，定价半便士，到1900年发行量达到每日100万份）这样的大众报纸对英雄和新发现的土地这样的题材怀有浓厚兴趣，并在向公众宣传的过程中扮演了重要角色。当“发现号”探险队成立的时候，报纸上强调的是他们即将冲向南极点的伟业，而不是对于科学的贡献。《晨报》(*The Morning Post*）欢欣鼓舞地写道：“这场战争令我们精疲力竭，不过，即使在它带来的最后阵痛中，我们依然可以节省出精力和人力，为在和平且英勇的探索领域取得的胜利添砖加瓦。”

这些报纸先是为读者带来喜讯，即斯科特、沙克尔顿和威尔逊已经到达距离极点不到645千米的地方。随后，当担心富兰克林悲剧重演的克莱门茨·马卡姆爵士对这些人的安全表示忧虑时，报纸又加剧了公众的焦虑。“发现号”的探险队员能安全返回吗？如果能，他们会不会瘦骨嶙峋，被难以想象的经历折磨得面目全非？ 1904年9月，当“发现号”终于驶进朴次茅斯港时，一位《每日快报》记者描述道：“探险队员们看起来像风干的桃花心木，但关键是，尽管困难重重，他们还是茁壮成长了。”

新闻界盯上了斯科特，他发现自己已经成了一个“名人”，这让他感到有些受宠若惊。斯科特对记者说，“‘发现号’上的人能够照顾好自己，派救援船去寻找他们毫无必要”。这使他赢得了公众的青睐。因为英雄应该是自给自足的，他们应该蔑视危险，不屑于大惊小怪。斯科特受到了伦敦社会各界的热烈欢迎，并被国王爱德华七世邀请到巴尔莫勒尔（Balmoral）亲自做汇报。他被授予（英国皇家第二等）高级维多利亚勋爵头衔，但他没有像传闻中那样得到骑士称号。马卡姆在伦敦布鲁顿画廊（Bruton galleries）举办的“南极展”吸引了1万名参观者，展出项目包括数百幅由爱德华·威尔逊创作的精妙画作，以及“发现号”的模型和探险队雪橇等设备的实物。上流人士乘着四轮马车、汽车或者其他交通工具赶来参观展览，但警察耐心地告诉他们必须像其他人一样排队。排队对于这些上流人士来说可谓是一种全新体验——这或许是时代变

1903年7月，沙克尔顿回国后，为《伦敦新闻画报》撰写了题为《最南方》的特别增刊，其中包含了一些他自己的照片。

FURTHEST SOUTH

THE ADVENTUROUS VOYAGE OF THE "DISCOVERY," AND THE SLEDGE JOURNEY TO THE FURTHEST POINT SOUTH EVER REACHED BY MAN.

PART II.

OF THE SLEDGE-PARTIES already referred to, one, consisting of three officers, went out to examine the land to the South, to see if it were possible to proceed on any lengthened journey in that direction; another, under Lieutenant Royds, to try and place a record at Cape Crozier; and another, under the captain, to establish a depot towards the South. These expeditions were hampered by the extreme cold and the unsuitable conditions of the weather at that time. It was during the return of a portion of Lieutenant Royds' party, under Lieutenant Barne, that the only fatal accident occurred. One of the men, in a furious blizzard, fell over an ice cliff and was drowned. One must be on the spot to realise what these blizzards mean, when nothing can be seen while the wind lasts, and it is fortunate that more were not lost throughout the whole Expedition. In spite of the most careful management and attention to detail in the work of sledging, these accidents are liable to occur. All that man could do for the safety of his party was done on that occasion by Lieutenant Barne. He himself suffered most severely, being badly frostbitten. His resource and care have made him deservedly popular with the men who served under him.

迁的标志之一。这次展览还展示了“发现号”被困在浮冰中的照片，以一种令人信服的方式让人们直观感受到了南极洲的广阔、神奇和危险。一个之前只存在于人们想象中的世界突然扑面而来了。

斯科特饱含感情的纪实作品《“发现号”航行记》一上市便被抢购一空。68 他所表达的观点似乎完美地消弭了人们对英国正在陷入颓废和衰落的忧虑。斯科特鄙视用狗拉雪橇的方式，声称真正具有男子气概的唯一方式就是自己拉雪橇。他写道：“带着狗进行探险是永远无法企及这样完美的精神高度的……只有当人类踏入未知之地……完全凭借自己的努力……并成功克服巨大困难的时候才能达到。”斯科特的理念不但与他身处时代的精神风貌完美契合，甚至一直延续到今天，现在某些南极探险行动中也不乏像他这样的勇士。

公众不知道的是，这次探险对“新英雄”们的精神世界造成了怎样的影响。斯科特是一位优秀的作家，他的书捕捉到了南极洲惊人的美丽，但他不能透露自己的个人情感，更不能透露他的自我怀疑和焦虑，这会时不时折磨着

TOWN HALL, PORTSMOUTH.

Messrs. GODFREY & Co., Ltd., in co-operation with THE LECTURE AGENCY, LTD., of London, beg to announce that on

THURSDAY, OCTOBER 16th, at 8 p.m.,

COMMANDER EVANS
C.B., R.N.,

Will deliver a LECTURE on

"Capt. Scott's Expedition"

The Lecture will be fully illustrated by Lantern Slides and Kinematograph Films.

ADMIRAL THE HON.

SIR HEDWORTH MEUX,
G.C.B., K.C.V.O.,

WILL PRESIDE.

COMMANDER EVANS relates the wonderful experiences of the various parties sent out from the "Terra Nova," and tells how Captain Scott and his brave companions, after reaching the South Pole, struggled to the last against overwhelming odds.

Capt. ROBERT FALCON SCOTT, C.V.O.

Numbered and Reserved Stalls, **7/6, 5/-, 3/-**; Front Row of Balcony (reserved), **5/-**; Unreserved Seats, **2/-**; Admission, **1/-**

PLANS & TICKETS of Messrs. GODFREY & Co., Ltd., 74 Palmerston Rd., Southsea, & 51 Russell St., Landport.

PRO PATRIA

DURING the long ages that make up the history of our race and country, there have been many episodes that can never die. One of these, and surely one of the most glorious and inspiring, is that of Captain Robert Falcon Scott's march to the South Pole and the heroic death of himself and his faithful comrades.

All the ventures of our countrymen into the frozen regions of the North and South have been ennobled by the chivalry, the devotion to duty, that we love to think inseparable from the British name; but none has more wonderfully filled us with legitimate pride in the breed of men to which we belong than the story of the dauntless Five—who, in the face of doom, wrought so much and so valorously for Britain.

The bodies of these brave men have fitting sepulture far from their island home; but what they did, and how manfully they did it, must be very near and very dear to the hearts of their countrymen, and shall endure for evermore.

There are words that come into the minds of the men of our blood and speech, at that moment when the danger is greatest and odds are extreme, such as Mr. Henry Newbolt has given us in "Play up! and play the game!" In the years ahead many a Briton may find himself brought hand to hand with fate, and in the last dread hour that tries the man the deathless message penned by the dying explorer will brace the nerves and steel the courage. "Things have come out against us, and therefore we have no cause for complaint, but bow to the will of Providence, determined still to do our best to the last." Captain Scott and the men who fearlessly went with him into the Great Unknown accomplished much in their lives, but it is the manner in which they gave up those lives that will make their names immortal. All that they had that men desire they cheerfully placed on the desperate hazard; they vanquished, and they knew defeat. But never was death more swallowed up in victory. They died, and their glory—our heritage—is eternal. We are grateful, and do homage to their memory.

"These rough notes and our dead bodies must tell the tale" are sacred words. Those who knew Captain Scott can say how much they were in keeping with his strong character, with the reticent and disciplined spirit that never failed

"To set the cause above renown,
To love the game beyond the prize."

The leader of this gallant band was a hero through and through, and those who perished with him were worthy of his leadership and of their everlasting fame.

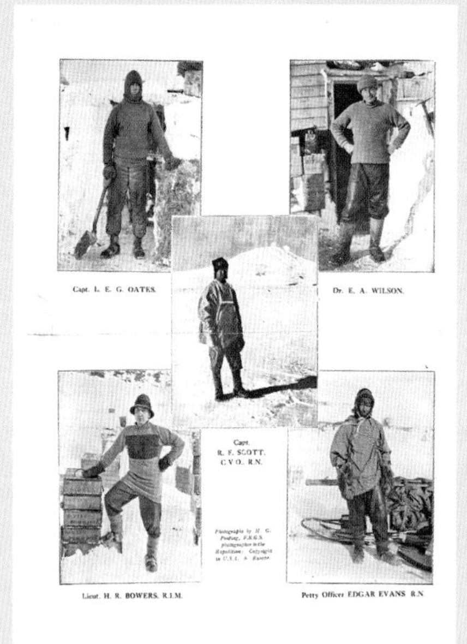

Capt. L. E. G. OATES.

Dr. E. A. WILSON.

Capt. R. F. SCOTT, C.V.O., R.N.

Lieut. H. R. BOWERS, R.I.M.

Petty Officer EDGAR EVANS, R.N.

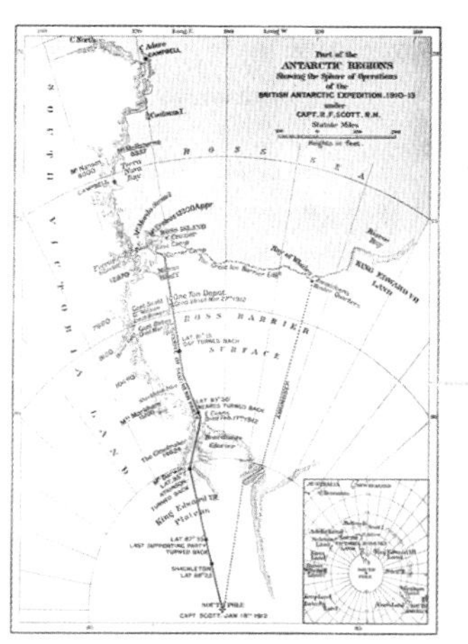

The full account of the British Antarctic Expedition, 1910-1912, based upon and supplementing Captain Scott's Diary, will be issued in book form by MESSRS. SMITH, ELDER & CO. in October

The whole of the arrangements for COMMANDER EVANS's lectures are under the Management of MR. GERALD CHRISTY, of THE LECTURE AGENCY, LTD., THE OUTER TEMPLE, STRAND, LONDON, W.C.

Telephone GERRARD 200. Telegrams: "LECTURING, ESTRAND-LONDON."

1913年6月4日发放的一张宣传单，内容是关于“特拉·诺瓦号”探险行动的首次公开演讲。这种图文并茂的讲座可以亲身与观众进行交流互动，是一种吸引观众的重要方式。尽管门票价格较高，但经过专业组织，并利用观众的爱国热忱，这类演讲还是很受欢迎的。

他。作为那个时代的人，斯科特不能公开承认自己缺乏自信，而且这肯定也不是公众想看到的。然而，正如斯科特后来向妻子凯瑟琳透露的那样，南极曾是他个人的试炼场，在那里，他不仅要与艰苦的自然条件作斗争，也要与个人的弱点作斗争。

同时，与沙克尔顿一样，斯科特也爱上了南极。不过，他们最初都是被一种非英雄式的东西——个人野心——吸引到探险中来的。他们都不富裕，都需要想方设法谋生。斯科特要养活他的母亲和姐妹们，而沙克尔顿想要在未婚妻的显赫家庭中确立自己的地位。但是，当他们一起驾着雪橇穿越“大冰障”时，个人野心与其他东西融合在了一起。两人都为南极惊人的美丽所着迷，也都看到了南极所蕴含的无限可能。他们都被沙克尔顿所说的“南方的呼唤”，即一种类似磁性的吸引力所驱使，不得不重返此地。

两人也都从自己的经历中得出了一些错误经验。如果这两个人不是那么孤傲的英国人的话，就会从挪威人的经验中认识到，他们之所以未能成功使用雪橇犬，有部分原因是自己不善于驯犬。如果他们早点认识到这一问题，就很可能会在以后的探险中依靠雪橇犬，而沙克尔顿可能会在 1909 年成为首个抵达南极点的人。而且，斯科特和沙克尔顿迥异的个性，以及他们之间的紧张关系导致两人陷入激烈的个人竞争当中。

69

当然，两人不能公开表明这种竞争关系。抵达南极点首先必须是为了英国的荣耀。1907 年，当沙克尔顿宣布他将搭乘“猎人号”重返南极时，斯科特感到很生气，认为这是对他们严重的侵犯，但他与沙克尔顿之间简短的通信仍然需要严格保密。公众所知道的仅仅是英国人正在进行另一场冒险。随后，沙克尔顿于 1909 年返回英国，由于他曾乘雪橇到达距离极点只有 156 千米的地方，因此受到了民众的热烈欢迎，并在几个月后获得了骑士称号。与斯科特相比，沙克尔顿对名望更加在意。在《我如何前往南极》的文章中，沙克尔顿用轻松的故事吸引了大量读者，他讲述了极度寒冷的天气如何激发了他对甜布丁的热情，以及探险家们如何在他们的小屋里画上熊熊大火以传达一种温暖的想象。

作为公关大师，沙克尔顿轻描淡写地描述了自己戏剧性的经历，这一点得到了公众的认可。一份报纸写道：“尽管并非因为赢得战争，但民众依然欢庆英雄的凯旋，这是好事。在本月，沙克尔顿中尉和他的同伴们是不折不扣的‘雄狮’，但从来没有一头狮子的吼声比这位英雄更谦虚、更得体，他在演讲中表现出一种‘不动声色的幽默’，而这种幽默感在这些人身上是很难得的。”

另一份报纸写道：“我们生活的年代似乎重新回到了人类最初的英雄时代。”

沙克尔顿在距离南极点如此之近的地方决定返回，这本身就被视为需要莫大的勇气。《都柏林快报》评论说：“‘回头’是一件勇敢的事情。”

由于缺乏斯科特那样的文学造诣，沙克尔顿雇了一个代笔作家来帮助他创作《南极之心》，该书出版后受到了评论界的广泛好评。一本杂志赞叹道：“今年 E.H. 沙克尔顿已经为我们证明了，一个能力强、信心十足的人在不受束缚的时候能完成什么伟业。”杂志接着说：“他具有强大的组织能力、丰富的想象力，在设计探险计划的时候，善于将天才的独创性和丰富的经验结合在一起，还不会因谨慎而令自己的抱负受到阻碍。”换句话说，英雄的天赋和胆识比经验更加重要。这种对于“天才业余探险家”的赞美非常富有英国特色。

我们生活的年代似乎重新回到了人类最初的英雄时代。

1910 年，作为一名“天才业余探险家”，斯科特搭乘“特拉·诺瓦号”最后一次前往南方，踏上了致命的探险旅程。这次，探险队带着很多雪橇犬，但依然没有认真对待它们。斯科特的许多队友都是专业科学家，但没有一个是专业探险家。这次，随斯科特一同前往南极点的四名探险队员中有两位以前从未踏足过南极，分别是奥茨（Oates）上尉和鲍尔斯（Bowers）——他们是因为渴望冒险而申请加入探险队的。另外两个人，爱德华·威尔逊和埃德加·埃文斯，都曾和斯科特一起在“发现号”上共事过，他们的极地经验并不比斯科特多，但他们对斯科特非常忠诚。

斯科特的团队与阿蒙森和他的手下形成鲜明对比。这位挪威人选择将探险作为职业，他曾搭乘阿德里安·德·热尔拉什率领的探险船“比利时号”

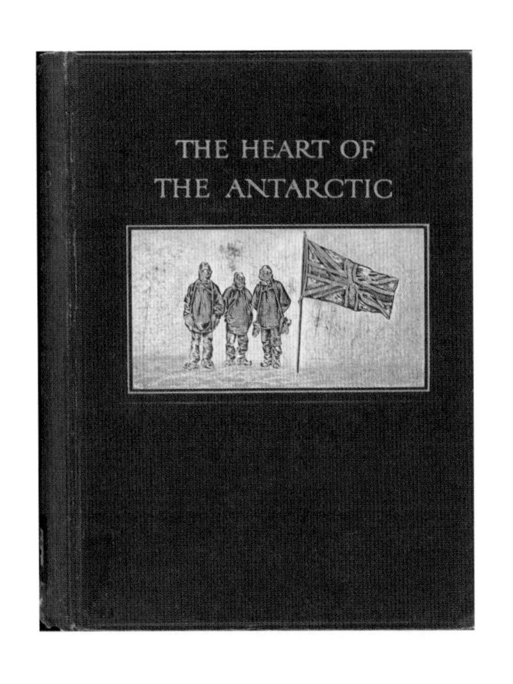

第一版《南极之心》。斯科特和沙克尔顿都认识到向更广泛的读者展示他们探险经历的重要性。

（Belgica），并在随后的行动中积累了经验。另外，阿蒙森可谓是一个专注于极地探险的“专业人士”，他在北极的冰天雪地中进行了多次旅行，拥有丰富的经验，而且是一名滑雪专家和驯犬师。展开探险行动之前，阿蒙森曾给斯科特发电报，告知自己也要前往南方。从接到电报那一时刻起，斯科特心里就知道这个挪威人很可能会打败他。尽管挪威人的加入给斯科特带来了沉重的心理负担，但他不能辜负公众期望，必须保持良好的竞赛精神和冷静乐观的态度。尽管阿蒙森可能后来居上，国内媒体却仍为“炒作”英国胜利而做好了准备。当被记者问及有多少胜算时，斯科特若无其事地回答说：“我们可能成功，也可能失败。我们的某些交通工具、雪橇或动物都可能会出问题。我们可能会失去生命，也可能会踪迹全无。这完全是一个取决于天意和运气的问题。”从表面上看，斯科特必须保持乐观开朗，尤其是必须有竞赛精神。毕竟，这是一个输得起的运动员、拼手气的赌徒和勇敢的失败者备受推崇的年代。

斯科特很快就被塑造成“勇敢的失败者”中的典型人物。他到达极点后发现自己被阿蒙森打败，并在返回时不幸身亡的消息，引发了全国范围内的悲痛

72

和哀悼，其规模堪比 1997 年威尔士王妃戴安娜去世时公众的反应。

> 我们可能会失去生命，也可能会踪迹全无。这完全是一个取决于天意和运气的问题。

当时的新闻头条充斥着“他整整忍受了八天饥饿”“他临死前对英格兰的呼吁”“向英雄致敬”这样的标题，整个国家甚至都因此停止了运转。

在南极点，这群精疲力竭、垂头丧气的人拍下了令人心酸的照片，将自己的悲剧以更直观的形式展示给了公众。但最重要的还是斯科特自己的信件和日记，这些信件和日记是用铅笔书写的，因为使用墨水会结冰。在他遗体之下发现的这些信件和日记，加剧了人们的悲痛和失落感。

73

通过斯科特的视角，人们可以日复一日地重温这段真正的史诗：他们勇敢地与接踵而至的困难作斗争；他们无私地照顾饥饿、冻伤的战友；出于职责感和自尊心，他们一直拖着地质标本直到最后；但最终，他们还是被困在了那个被暴风雪打得粉碎的绿色帐篷里，而那里距离一个原本可以拯救他们的补给站只有几千米的路程。斯科特写道，尽管他们知道自己在劫难逃，但有些战友“永远保持乐观”。斯科特轻描淡写、仔细推敲的话语形成了一段哀婉的英雄墓志铭，不断地激起人们的共鸣，“如果我们还活着，我就有一个好故事可以讲……这个故事将会打动每一个英国人的心”。

斯科特的故事确实激荡人心，特别是他对奥茨之死的叙述，不但令人哽咽，还引发英国人强烈的民族自豪感。奥茨没有让战友涉险，而是自己走进暴风雪中自生自灭，他只留下一句简短的遗言：“我要到外边去走走，可能要多待一些时间。”奥茨是一位典型的、理想中的英国军官和绅士——不感情用事，不自怜自艾，勇于自我牺牲。《每日邮报》称赞奥茨上尉具有不朽的骑士精神。他以前所在军队的战友们很快就写了一系列文章，回忆他在布尔战争中所表现出的坚韧不拔的勇气，这为他赢得了“不投降的奥茨”的绰号。不过，具有讽刺意味的是，导致奥茨之死的主要原因之一就是坏血病令他在布尔战争中所负的旧伤复发了。

1910 年 11 月，斯科特和妻子凯瑟琳在新西兰鹌鹑岛考察矮马时拍摄的照片。她的支持和鼓励对斯科特至关重要，因为只有她能理解他的不安。

我们只能靠猜测来了解奥茨真实的想法和情感。在南极埃文斯角伸手不见五指的极夜里，他告诉自己的战友们，任何身体虚弱并危及其他队员的人，都有责任开枪自杀。他留下的最后几封信流露出对生活的眷恋和对回家的渴望，但由于冻伤的折磨，以及在睡梦中死去的愿望落空，他确实考虑过自杀。相比公众对英雄简单化、模式化的印象，在走向死亡那天，奥茨的真实想法和感受要复杂得多。

斯科特也是一位活在大众想象中的英雄，他给人留下的印象同样过于简单。要想一窥斯科特真实的自我，我们可以从他早期写给妻子凯瑟琳（Kathleen）的信中找到端倪。

只有在妻子面前，斯科特才敢放心地倾诉他对海军的厌恶，以及他那富

THE DAILY MIRROR, Wednesday, May 21, 1913.

CAPTAIN SCOTT'S TOMB NEAR THE SOUTH POLE.

The Daily Mirror

24 Pages

THE MORNING JOURNAL WITH THE SECOND LARGEST NET SALE.

No. 2,987. Registered at the G.P.O. as a Newspaper. WEDNESDAY, MAY 21, 1913 One Halfpenny.

THE MOST WONDERFUL MONUMENT IN THE WORLD: CAPTAIN SCOTT'S SEPULCHRE ERECTED AMID ANTARCTIC WASTES.

It was within a mere eleven miles of One Ton camp, which would have meant safety to the Antarctic explorers, that the search party found the tent containing the bodies of Captain Scott, Dr. E. A. Wilson and Lieutenant H. R. Bowers. This is, perhaps, the most tragic note of the whole Antarctic disaster. Above is the cairn, surmounted with a cross, erected over the tent where the bodies were found. At the side are Captain Scott's skis planted upright in a small pile of frozen snow.—(Copyright in England. Droits de reproduction en France reservées.)

1913 年 5 月，《每日镜报》在头版新闻中展示了为斯科特和他的同伴们修建的石冢，反映出公众对探险队命运的极大关注。

75

有创造力和热爱幻想的精神世界与令人窒息的严肃、僵化的军事生活之间的矛盾，“解开我身上的枷锁，你就会发现我其实是跟你一样的浪子……我与现在的生活格格不入……作为一部机器的零件，我必须时刻符合规范，然而有时我特别讨厌这部机器……我喜欢户外，喜欢树木，喜欢田野，喜欢大海，喜欢在开阔的空间生活和思考”。

然而，一个英雄的故事是容不下自我怀疑的成分的。正如斯科特生前隐瞒了自己的真情实感一样，在他死后，这些表露真实自我的信件被封锁起来，无人知晓。凯瑟琳得知丈夫去世的消息时，正在乘船南下前往新西兰的路上，两人本应在新西兰团聚。在深深的绝望中，她打开了日记本，开始倾诉自己的感受。凯瑟琳试图安慰自己，希望斯科特在死前能够从对责任的恐惧中解脱出来，“因为我认为从来没有哪个男人有像他这样强烈的责任感和使命感……”在公开出版的日记中，“恐惧”一词被“压力”所取代。斯科特竟然会对自己的责任而感到“恐惧”，这种想法与他高大的英雄形象格格不入。就像李文斯顿、戈登将军和巴登－鲍威尔身上的某些人格缺陷一样，斯科特缺乏安全感的精神状态也绝不能向外界揭露。

在斯科特成为国家偶像的过程中，媒体发挥了关键作用。他们很快就拿近期发生的另一场令人震惊的悲剧——1912 年 4 月“泰坦尼克号”（Titanic）的沉没与之对比。当时，对自己即将遇难心知肚明的男人们让妇女和儿童先上了救生艇，而乐队一直演奏到沉没前的最后一刻。报纸提醒读者，“泰坦尼克号”上的许多英国乘客也都表现出与斯科特探险队同样的冷静、勇敢和对他人的无私关心。斯科特和他的手下与“泰坦尼克号”的乘客一起，证明了人类或许还留有高尚的本能。但正如一位探险队领袖所说的那样，“斯科特临终前所面临的环境远比‘泰坦尼克’号的乘客还要险恶”。

公众伤心欲绝。数千人参加了在圣保罗大教堂举行的追悼会。同一天，伦敦郡议会学校的老师们向 75 万名儿童讲述了斯科特的故事。《每日镜报》评论道：“随着斯科特的逝去，英国的孩子们恐怕再也不会因为说‘我会像斯科特上校那样勇敢，因为这是他对我们的希望’而获得勇气了。”一个为纪念斯科特而设立的基金会收到了大量捐款，远远超过了斯科特本人费了好大劲才筹集

76

到的探险赞助费。凯瑟琳被授予“巴斯骑士团指挥官级骑士夫人”的头衔，因为如果斯科特还活着，他将得到这项高级荣誉。

英雄故事通常都需要反派，而在这个故事里，由阿蒙森担当最合适不过。尽管他由衷地为斯科特的死而感到悲痛，而且一想到自己没有在南极点给斯科特留下一点补给品，他就感到懊悔。但对英国人而言，阿蒙森是一个外国人，是一个不速之客。更糟糕的是，作为一名“专业”探险家，阿蒙森所采取的策略与“业余探险英雄”的普遍做法背道而驰。阿蒙森的成就是借由雪橇犬所取得的，相比坚持利用人力拉雪橇的斯科特，他在意志品质和男子气概方面要略逊一筹。简单地说，他赢了，但他没有“遵守比赛规则”。

残酷的第一次世界大战给斯科特的悲剧性远征和奥茨的自我牺牲赋予了更深层次的意义。在人们怀疑战壕中的痛苦、泥泞和鲜血究竟是为了什么的时候，探险队员们在南极未受污染的白色荒原上与看不见的敌人“战斗”并最终牺牲的结局似乎更纯洁、更令人欣慰。沙克尔顿搭乘“坚忍号”（Endurance）于 1914 年开始的探险行动也同样受到了媒体的关注。民众热切盼望着关于沙克尔顿探险进展的新闻，并在随后共同为他的生命安全而感到忧心忡忡，因为这可以分散人们对于前线的注意力，而后者经常传来更令人忧虑的消息。1915 年，报纸上最吸引读者的标题是《来自南极的坏消息》或者《沙克尔顿的困境》等。日德兰大海战爆发的当天，沙克尔顿幸免于难的消息传回了英国，当时战场上已经阵亡了数百万英国人。不过，当国内民众得知尽管机会渺茫，但沙克尔顿探险队至今没有损失一个人的时候，还是倍感欢欣鼓舞。这一消息超越了国界，甚至连德国媒体也给予了好评。就像斯科特的最后一次探险一样，随着故事的焦点逐渐对准探险队领袖，最有力的英雄形象也就呼之欲出了。第一次探险，沙克尔顿带着探险队所有人在南极登陆，但这次，他只带了五个人乘船从象岛（Elephant Island）前往南乔治亚岛。最后，他更是只带两名同伴翻越南乔治亚岛的山脉和冰川去寻求帮助。

77

随着时间的推移，斯科特的英勇牺牲和他身为作家的非凡天赋，使他而不是沙克尔顿，成为英国民族英雄中的佼佼者，这种状况一直持续到 20 世纪 60 年代和 70 年代。但现在，沙克尔顿基本上能跟斯科特平起平坐了，而且，前者或许是一个更加“现代”的英雄，一个具有敏锐判断力、平易近人，并且能鼓舞人心的领袖。沙克尔顿说他在 1909 年从极点附近折返是源于一种信念，即他的妻子“宁愿嫁给一头活驴也不愿嫁给一头死狮子”，这句话很有说服力。沙克尔顿的一些决策也是如此，例如，当探险队出发穿越南乔治亚岛时，他下令抛弃了全部睡袋。沙克尔顿具有出色的风险预估的能力，这使我们很容易理解，为什么今天有那么多管理顾问在关于风险和危机管理以及领导技能的课程中把他当作典型案例来进行研究。出于个人感情，斯科特决定带上全部四个人而非三个人前往南极点，但沙克尔顿绝不会这样，他不会让感情去干扰自己的判断。阿蒙森似乎也与我们的时代比较合拍。他的组织能力、逻辑思维能力和极强的专注力直到今天也是我们所重视和钦佩的品质。我们不应该忘记，阿蒙森是第一个到达南极点的人，但这也只是他非凡探险生涯中取得的诸多成就之一而已。

各个时代对英雄主义的看法各不相同。在一个时代看来是坚定的东西，在另一个时代看来是痴迷，自我牺牲似乎是自我放纵，甚至是自我毁灭，乐观主义变成了轻率，勇敢也只是鲁莽的行为。斯科特、沙克尔顿和阿蒙森都身强力壮、英勇无畏，无疑是英雄。然而，从今天的角度来看，我们还能看到斯科特的另一部分英雄主义（他成功地克服了自己的弱点）是如何被隐藏起来的，阿蒙森的成就是如何被诋毁的，以及沙克尔顿的惊人贡献在一段时间内是如何被掩盖的。随着时间的流逝，我们可以用更清晰、更客观的视角去看待这些历史上的英雄们，尽管可能会使我们更加挑剔、更加怀疑。但南极点争夺战的故事超越了这一点：它具有一种非凡的、普遍的力量，至今仍令我们动容不已。

第四章

南极点争夺战

在第一次世界大战爆发之前的100年间，有志对北极和南极展开探索的通常都是同一群人，甚至连他们遭遇的危险也基本相同。不过，要想前往北极点和南极点，探险家们必须采取不同的策略。其中，北极探险是由英国皇家海军官方主导的，其人员众多，装备精良，一般以科学研究和地理探索为目标。英国人可以胜任艰苦的陆路旅行，他们主要依靠人力拉雪橇，这在英国已经成为一项传统。尽管通常会造成一些伤亡，但富兰克林探险队全军覆没的损失还是过于高昂了。与前者不同的是，南极探险最初源于捕鲸者或海豹猎人的投机性捕猎活动。这些人在抵达南极时通常已经拥有在北极进行捕猎活动的经验了。有时，这些人的探险还掺杂着一些非商业因素，譬如个人对于科学的兴趣，等等。在19世纪40年代之前，恩德比家族（Enderbys）可以作为此类英国人的典型代表，他们参与探险活动以追求商业利益为主，个人兴趣为辅。但到了19世纪90年代，挪威人却将南极探险当成一项极为重要的国家事务。不过，由于风险过高，在上述探险中猎人们很少或根本不会尝试前往南极内陆。

79

从恩德比家族小试牛刀到挪威人大显身手之间，也有其他人对南极进行过科学考察，其中一部分是在本国海军支持下进行的。在“发现号”为南下做准备的时候，冯·德里加尔斯基教授（Professor von Drygalski）率领的德国探险队也在筹备自己的南极之旅，分别由奥托·诺登斯约尔德博士（Dr Otto Nordenskjöld）和J.B. 沙尔科博士（J.B.Charcot）率领的瑞典和法国探险队正在前往南极半岛的格雷厄姆地进行考察，还有一支探险队在经验丰富的苏格兰博物学家和探险家威廉·S. 布鲁斯博士（William S.Bruce）的带领下正在前往威德尔海。尽管“发现号”和“猎人号”两支探险队经常被归为一类，但前者在行进路线、规模和策略等方面都更符合皇家海军的传统，而后者与阿德里安·德·热尔拉什率领的“比利时号”探险队十分相似，两支探险队的领袖同样需要想方设法维持生计，也同样充满浪漫主义色彩，只不过“猎人号”探险队取得了更大的成就。

80

斯科特之死代表了英国皇家海军军官的一项长期传统的终结，他们从事极地探险主要是为了让自己的职业生涯更进一步。如果斯科特没有因此而死的话，最后退休的时候很可能已经晋升到海军上将了。虽然沙克尔顿并非捕鲸船船员，从这一角度来说，他不是一个商业航海者，但他同样是一个追求物质回报的职业海员。沙克尔顿在“偶然”前往一次南极后，不但染上了极地探险的“瘾”，还利用自己优秀探险家的名声，在经济上和新工作方面获得了大量利益，这实际上可以作为一位早期“媒体名人”的实例。沙克尔顿的为人较为圆滑，而且表达能力要强于阿蒙森和斯科特（尽管斯科特是一位公认的优秀作家）。沙克尔顿在1909年回国时被授予骑士头衔，除了他探险的成就赢得了人们的认可之外，还有部分原因是他已经成为一名公众人物。就在沙克尔顿在南极点附近“急流勇退”的同一年，公众还见证了英国探险队抵达北极点的壮举，由此，极地探险成为英国人日常讨论中一个不可或缺的话题。

“弗拉姆号”最初是南森为自己于1893—1896年进行的北极漂流探险而专门设计的，后被斯韦尔德鲁普重新起用，并于1898—1902年间在加拿大的北极地区进行探险。在阿蒙森搭乘该船前往南极进行探险之后，它被闲置了很多年，最终于1936年成为一座船舶博物馆的一部分。

在启程前往南极之前，罗阿尔德·阿蒙森和他的狗雷克斯在其位于邦德菲尤尔德的花园中散步时的情景。背景就是他从挪威政府借来的探险船“弗拉姆号”。照片由安德斯·威尔斯拍摄于1910年。

阿蒙森与“弗拉姆号”（Fram），1910—1912年

斯科特和沙克尔顿都没有在极寒地带生活的经历，这对于他们来说，无论是个人经验还是技术层面都是一种不利因素。而更大的潜在威胁是，尽管程度有所不同，但两人骨子里都想当然地认为英国海军的传统方法才是最为优越的。表面上，他们都宣称将吸取外国探险队的长处，对自己的设备进行改进，但这些都治标不治本，两人并没有从根本上更改自己的探险策略。他们出于偏见而厌恶使用雪橇犬，并且在没有经过充分论证的情况下就用矮马代替雪橇犬，就是一个典型例子。沙克尔顿至少认识到这些做法是错误的，

82 尽管他是在阿蒙森取得成功之后才完全醒悟的。斯科特则一错再错，并付出了沉重的代价。不过，斯科特和沙克尔顿看到了机动车辆的未来，而阿蒙森却没有，他们颇具开创性地在南极使用汽车，尽管效果并不理想。

作为一名挪威人，阿蒙森拥有完全不同的文化背景。在1900年前后，挪威人口不足200万，是英国人口的十分之一。这里不像英国社会那样，对贸易表示鄙视。实际上，挪威崇尚个人主义倾向的商业航海和捕鲸，因为这是在亚北极气候下最成功的商业项目。另外，当时的挪威是一个封闭的、宗族化的、非工业化的国度，当然也不是一个帝国。阿蒙森的爱国精神丝毫不亚于斯科特和沙克尔顿，不过，阿蒙森的前辈中有一个跟两名英国探险家完全不同的、更加符合现代价值观的榜样人物——弗里乔夫·南森（Fridtjof Nansen）博士，从他身上，我们可以看到：一位来自北欧文化圈的人是如何通过在北极的发现而成为一位享誉世界的人物，从而提高他们所在小国的威望的。从一开始，阿蒙森就将成为一名专业极地探险家当作自己的目标，而斯科特、沙克尔顿和他们的大多数前辈都不是这样。阿蒙森之所以能取得成功，在于系统的分析，并且包容任何有益的经验和技能，在于细致的筹划，以及对精心挑选的小型团队而不是非专业但资源丰富的大型团队的依赖。

1872年7月16日，罗阿尔德·阿蒙森（Roald Amundsen）出生在瑞典下辖的克里斯蒂安尼亚（Christiania）附近，1905年，该地随挪威独立并成为首都，被更名为奥斯陆（Oslo）。阿蒙森的宅邸位于城市边缘的森林中，但他童年的大部分时间都和他的表亲们一起生活在萨尔普斯堡港（Sarpsborg）附近的乡间别墅里。阿蒙森的父亲和叔叔都在该港口工作，分别担任船东代表和船长，不过，他的父亲在1886年去世了，当时他才14岁。第二年，阿蒙森被约翰·富兰克林爵士于1819—1822年在北美的北极地区进行陆上探险的记述所吸引。1888年挪威人首次穿越格陵兰冰盖的经历更使他深受鼓舞，这支队伍 83 由当时声名鹊起的探险家和海洋生物学家南森率领，他在极地探索方面取得了很大成就，为挪威赢得了荣誉。南森探险队是一支小型的装备简练、机动性极强的队伍，他们的主力装备是滑雪板和由南森自己设计的改良版雪橇。斯科特在“发现号”和“特拉·诺瓦号”的两次探险中都使用了南森设计的雪橇。

1896 年 6 月，弗里乔夫·南森博士在弗朗茨·约瑟夫地群岛的植物角所留下的照片，这也是他本次探险所抵达的最北端。南森在极地探险方面可谓是一位不折不扣的权威，阿蒙森和斯科特都曾就相关问题多次向他请教。照片由弗雷德里克·杰克逊拍摄。

此后，阿蒙森致力于提高自己的滑雪技术，包括在挪威本土进行艰苦的徒步旅行，后来，为了对自己进行磨炼，他更是深入险境。

与沙克尔顿一样，这时的阿蒙森也是个穷学生，在1890年的入学考试中，他遵从了母亲的意愿，报考了医学方面的专业。不过，在这一时期，阿蒙森对于探险的兴趣非但没有减少，还有所增强。1893年2月，阿蒙森参加了埃温・阿斯楚普（Eivind Astrup）的讲座，他曾于1891—1892年与美国人罗伯特・皮尔里（Robert Peary）一起进行了第二次格陵兰探险。阿斯楚普讲述了他们向因纽特人学习极地生存技术的经历，特别是如何驾驭雪橇犬和建造冰屋。当时挪威人不知道狗还有这种用处，认为像因纽特人这样的"原始人"能教会欧洲人某些东西的想法在当时也是十分新奇的。不过，阿蒙森有一个开放而敏锐的头脑，他具有极强的个人能力，可以迅速掌握某些基本知识，并进行联想和拓展。

阿蒙森对杀死他的雪橇犬而感到遗憾，尽管它们是他取得成功的关键一环，"我可爱的动物们被杀死了，这是我在那里留下的唯一一段黑暗记忆"。

就在那一年，阿蒙森的前途逐渐明朗起来。6月初，他未能通过行医执照考试，不过，他见证了南森驾驶新船"弗拉姆号"（Fram，意为"前进"）踏上最伟大的探险之旅的全过程。南森率领探险队随浮冰一起穿越北冰洋，并乘着雪橇向北极点发起史诗般的冲击。不久之后，1893年9月，阿蒙森失去了他的母亲。尽管阿蒙森与母亲之间的关系并不亲密，但他还是继承了一大笔遗产，他放弃了医学，转而去追求自己的理想。阿蒙森打算立即加入一支前往斯匹次卑尔根岛的探险队，随后，他又询问杰克逊－哈姆斯沃思（Jackson-Harmsworth）能否加入其率领的英国探险队，当时他们正准备前往弗朗茨・约瑟夫地群岛（Franz Josef Land）进行探险。值得一提的是，杰克逊可谓是南森的救命恩人，1896年，南森在弗朗茨・约瑟夫地群岛进行徒步旅行，正当他感到体力不支的时候，突然幸运地与杰克逊一行人偶遇了，这不得不说是一个奇迹。一周后，“弗拉姆号”又在挪威附近海域独自现身了，依然毫发无损。

尽管阿蒙森的申请石沉大海，但他已经认识到了加入极地探险队所需的基本素质。在接下来的几年里，他搭乘海豹捕猎船开始了一系列航行，并成为一名经验丰富的高山滑雪者和海员。1895 年，阿蒙森获得了大副证书。次年，他自愿成为德·热尔拉什率领的私人南极探险船“比利时号”上的一名无薪二副。这艘船于 1897 年 6 月启航，长期被困在南极附近海域的冰层后，于 1899 年返回。在这次航行中，阿蒙森目睹了人在长期压力下的诸多异常行为，以及更多的关于格陵兰因纽特人解决问题的办法（是通过队友得到的二手消息）。阿蒙森的队友之一——美国医生弗雷德里克·库克（Frederick Cook）曾和皮尔里一起前往格陵兰进行过探险。库克和阿蒙森在完善探险设备和技术方面找到了共同兴趣，而其他队员（包括德·热尔拉什）则在不断的威胁下变得郁郁寡欢，有时甚至精神失常，因为他们的探险船——一艘老式的海豹捕猎船随时可能被浮冰压碎。库克还相信鲜肉能预防坏血病，有一名队员因为拒绝吃海豹或企鹅肉而死于坏血病，就证明了这一点。

回国后，阿蒙森再次出海，并获得了船长证书，他在 1900 年买下了 47 吨的单桅帆船“格约亚号”，随后，他搭乘该船在巴伦支海航行并捕猎海豹，从而获得了极地航行的经验。当时阿蒙森的脑海中已经形成了一份计划，他要成为第一个全程通过西北航道的人。此外，他还要重新确定北磁极的移动位置，

一面大概率来自“弗拉姆号”的挪威国旗，曾经在南极点迎风飘扬过。对一个刚刚取得独立的新国家来说，这是其对于世界的一次重要宣示，具有极为重要的象征意义。

因为他了解到，要想赢得政府对于探险行动的财政支持，唯一途径就是找到一个科学方面的理由。事实上，由于技术原因，他在距离北磁极仅有约 48 千米的地方折返了。不过，从 1903 年到 1906 年，“格约亚号”在这支小规模探险团队（共计 6 人）的率领下成功通过了西北航道，赢得了巨大的荣誉。尤其是在这次航行中，阿蒙森与因纽特人建立了良好的关系，并从他们那里获得了大量关于极地事物的知识，从当地毛皮服装的优点到建造冰屋和驾驭雪橇犬。在这方面，他的一个同伴，水手赫尔默 · 汉森（Helmer Hanssen）成了专家。这次漫长的航行还令阿蒙森成长为一位卓越的领导者，并一跃成为一名在国际极地探险界举足轻重的人物。

86

1907 年 2 月，阿蒙森与担任挪威驻英公使的南森一起在伦敦的皇家地理学会发表了关于“格约亚号”航行的演讲。沙克尔顿也因为自己的探险项目而列席了这次会议。此时，沙克尔顿率领“猎人号”重返南极进行探险的计划刚刚获得了比尔德莫尔的支持（于第二天正式宣布），他很快就会知道斯科特也正在打算进行一次新的南极探险了。

阿蒙森本人来到伦敦的时候，向南森提出了借用“弗拉姆号”以进行新探险的请求。到目前为止，皮尔里经陆路抵达北极点的数次尝试都失败了。现在，阿蒙森的目标是：1910 年从旧金山启程，穿越白令海峡，像南森那样随浮冰一起漂流四到五年，再成为第一个抵达北极点的人。最终，南森同意

阿蒙森到达南极点时使用的雪橇罗盘。探险队花了整整两天时间来进行地理位置的测量，以确保自己取得的成果不出现争议。

了阿蒙森的请求，尽管事实证明，为探险筹款面临着很大的困难，但一切终于取得了进展。1909 年 9 月初，有消息传出，阿蒙森的“老船友”库克和后来的皮尔里（在他的第六次尝试中）都独立到达了北极点。库克声称到达北极点的时间是在 1908 年 4 月，皮尔里声称是在 1909 年 4 月 6 日，皮尔里立即对库克的说法提出了质疑，但后者随即进行了澄清，而且，也有人对皮尔里的记录表示怀疑。

然而，对阿蒙森来说，这并不重要。既然他无法成为第一个抵达北极点的人，那就只剩下一种选择了。1909 年 9 月 13 日，当斯科特在《泰晤士报》上公布他最后一次探险计划的时候，阿蒙森造访了哥本哈根，表面上是为了会见库克，其实也是为了从格陵兰北部的因纽特人那里订购足够的雪橇犬和毛皮。现在，南极是他的首要目标了。鉴于阿蒙森得到的所有支持，包括挪威政府的支持在内，都是为了他原先制订的北极探险计划而提供的，因此，他没有急着告诉任何人自己已经更改了计划，包括他的队友，直到最后不得不摊牌为止。当阿蒙森最终在马德拉岛港（Madeira，“弗拉姆号”前往罗斯海之前所停靠的最后一个港口）公布他的真实意图时，他还解释说这一变动是对他北极探险计划的补充而不是替代。阿蒙森解释说，“弗拉姆号”必须绕过合恩角才能航行至阿拉斯加，而南极探险将是对漫长旅途的一个很好的调剂。至于斯科特，当他在 1910 年 3 月访问挪威并寻求会面时，阿蒙森故意避而不见，因此两人从未见过面。

阿蒙森先是率领“弗拉姆号”在大西洋进行了广泛的试航，训练船员，并对船上设备进行调试。1910 年 8 月 9 日，“弗拉姆号”从克里斯蒂安（Kristiansand）正式启航，船上有 97 条一流的因纽特犬和两名挪威驯犬专家，其中一人是汉森。阿蒙森为探险做了周密的准备，他事先对各种情况都进行了预计（几乎考虑到了每一处细节），并据此安排好了计划、设备和物资。在用人方面，几乎所有探险队员都是依据他们的相关技能和能力而单独招募的，而且都能服从阿蒙森的绝对领导，并作为一个团队行动。

阿蒙森的计划是：第一步，先在沙克尔顿鲸鱼湾（Shackleton's Bay of Whales）内的大冰障建立一个基地，他和 9 名探险队员在该基地过冬，并同时将“弗拉姆号”派往布宜诺斯艾利斯进行海洋学研究。然后，大多数探险队员于 1911 年底启程，他们将以事先搭建的补给点为基础，利用狗拉雪橇和滑雪板快速抵达极点。全部队员将于 1912 年初再次集合，并前往北极地区。不过，不出所料的是，阿蒙森先是拖延，然后就彻底取消了最初制订的北极探险计划。

1910 年 10 月 13 日，斯科特在墨尔本第一次听到这个消息，当时他的新探险队刚刚抵达那里。阿蒙森高估了英国媒体对他改变航向所表现出的兴趣：事实上，几乎没有人注意到这一点，因为这太不可思议了，没人会认真对待。因此，在澳大利亚没有任何报道可以解释斯科特在那里收到的一封电报究竟是怎么回事。据称，这封电报来自阿蒙森的兄弟莱诺（Leon），上面写着“请允许我通知您，‘弗拉姆号’正在向南极进发。落款：阿蒙森”。好在挪威人的启程时间比斯科特晚两个月，这也是斯科特的唯一优势了。

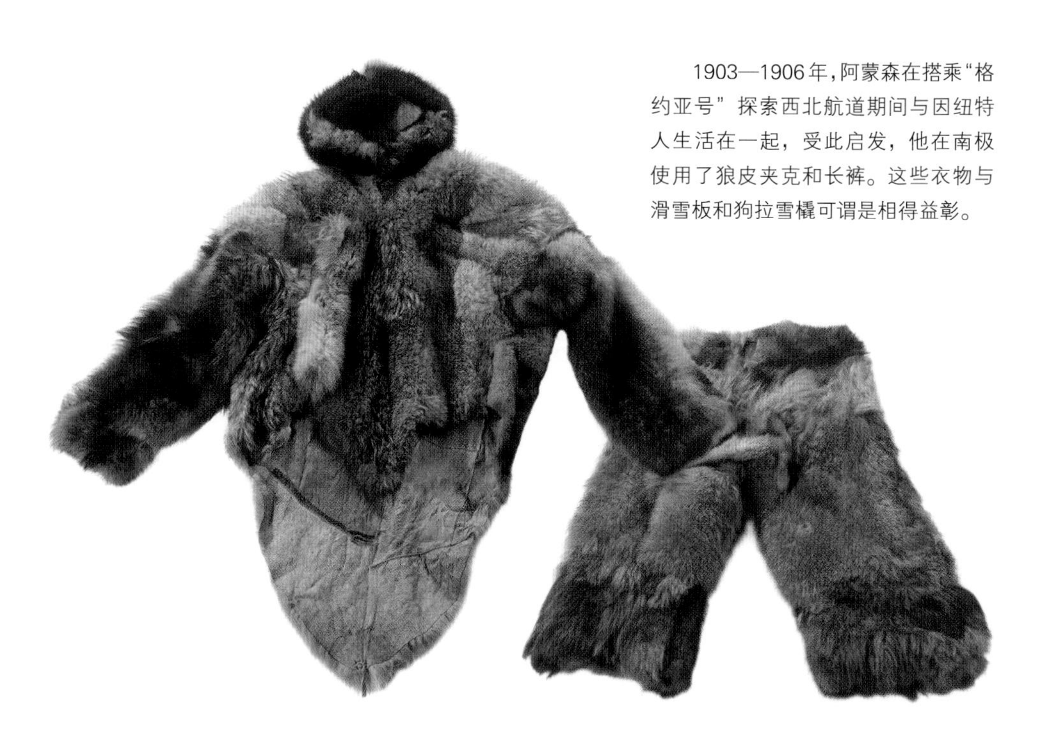

1903—1906 年，阿蒙森在搭乘“格约亚号”探索西北航道期间与因纽特人生活在一起，受此启发，他在南极使用了狼皮夹克和长裤。这些衣物与滑雪板和狗拉雪橇可谓是相得益彰。

Blanket No. 1.

Indenlandsk Taxt:

1. Almindelige Telegrammer: 50 Øre for 10 Ord og 5 Øre for hvert Ord mere. Ord over 15 indtil 30 Bogstaver eller Tal over 5 indtil 10 Zifre regnes for 2 Ord o. s. v. Sprogstridige Ordsammensætninger tilstedes ikke.

*

2. Lokaltelegrammer: Halvdelen af den almindelige Taxt med Afrunding opad til med 5 deleligt Tal.
3. Iltelegrammer: Tredobbelt Taxt; betegnes ved (D) foran Adressen.
4. Telefonering af Telegrammer: (Ved enkelte Stationer).
   a. Med Aarsabonnement: For indtil 200 Telegrammer (afsendte og ankomne) 10 Øre pr. Telegram og for hvert Telegram udover dette Antal 5 Øre. Mindste Afgift pr. Aar Kr. 10.00. Ankomne Telegrammer kan ogsaa erholdes telefoneret gratis efter nærmere Aftale med Telegrafkontoret.
   b. Uden Abonnement: 20 Øre pr. Telegram.
5. Flere Adressater: 25 Øre (Iltelegr. 75 Øre) pr. 100 Ord for hver Extraudskrift. (Tmx) foran Adressen, hvor x betegner Antallet af Adresser.
6. Viderebefordring: (Post): 10 Øre; rekomm. Brev = (Pr.): 20 Øre; Expresse (Xp): 30 Øre pr. Kilom.

Angivelser som:
(Rp) eller Svar betalt, Post eller Post betalt, (Pr) eller Post rekommanderet, (Xp) eller Expresse betalt sættes foran Adressen; Forkortelserne taxeres for et Ord.

*

Afsenderens Adresse:

NB! Gjælder kun for eventuel Tilbagemelding om at Telegrammet er uafleveret eller lignende.
Deres Adresse for Svartelegram maa forlanges indført i Telegrafkontorets Adressebog, dersom Deres Bopæl er ukjendt for Kontoret.

Thronsen & Co.s Bogtrykkeri 1907.

Udfyldes af Stationen.

Kr. .... Sign.: ....

Den norske Rigstelegraf.

Telegram

Sendt til .... Kl. ....

Klasse .... Afsendelsesstation *Kristiania* .... af: .... Tjb.: ....

No. .... Ord Kl. .... midd. *5/10 1910*

Adresse:
(fuldstændig og tydelig)

Captain Robert F. Scott
S. S Terra Nova, Melbourne

Beg leave to inform you Fram proceeding Antarctic.

Amundsen

Skriv tydelig! Attester Udstrygninger og Rettelser!

一封由莱诺・阿蒙森拍发的电报，主要内容是通知斯科特，阿蒙森已经决定改变计划，径直前往南极洲进行探险。许多人对这封颇具挑衅意味的电报感到惊愕，斯科特队内的地理学家雷蒙德・普里斯特利将其描述为“地理学史上最无礼的行为”。

斯科特与“特拉・诺瓦号”，1910—1912 年

1904 年 9 月，斯科特从南极归来，他被晋升为海军上校，并获得了高级维多利亚勋爵头衔。1905 年，斯科特出版了《“发现号”航行记》，这本书文字优美，给他带来了丰厚的报酬，然而，公众对“发现号”探险队国内组织和科学成果方面的批判仍然不绝于耳。总的来说，这次探险使斯科特成为一名公众人物，但其率领的探险队并没有取得多大成就，再加上他缺乏个人魅力，也没能像后来的沙克尔顿那样点燃人们对南极探险的热情。

89

当时，海军技术正在迅速发展，战争的前景已经显现，由于长期游离于海军之外，身为一名传统军官的斯科特已经跟不上时代发展了。尽管如此，他

庞廷回忆道："'特拉·诺瓦号'被浮冰困住的时候，它的风帆会懒洋洋地悬着，或者像画布一样叠起来，形成一幅引人注目的画面。"照片由赫伯特·庞廷拍摄于1910年12月。

还是得到了一些颇有前途的职位——例如在短期内担任战列舰的指挥官。有一次，斯科特指挥的战舰发生了轻微的碰撞事故，但他并没有因此受到责备，不过，直到1909年，在第二海务大臣（Second sea Lord）手下担任参谋后，斯科特在皇家海军的职业生涯终于取得了较大进展。

然而，到了1906年，斯科特又开始禁受不住征服南极的诱惑了，他要求沙克尔顿做出承诺，保证其不会踏入自己的"领土"——罗斯海南岸靠近维多利亚地的一侧。

90

斯科特没有向海军提出任何要求，这一点很明智，但他得到了来自"发现号"的战友迈克尔·巴恩上尉（Michael Barne）的私人援助，当时，巴恩自己提出的组建威德尔海探险队的计划刚刚在第一海务大臣费希尔（Fisher）

上将的反对下夭折。泰迪 · 埃文斯（Teddy Evans）中尉也再次自愿加入斯科特的团队，斯科特还招募了“发现号”的总工程师斯凯尔顿（Skelton）中校。斯凯尔顿投入大量精力，研发了一种履带式机动牵引车。在巴恩的帮助下，斯凯尔顿将自己的发明刊登在《发现》杂志上。现在，斯科特也将自己抵达南极的希望寄托在这种装置上。无论从科学还是技术角度来说，斯科特都有充分的理由选择这种新型交通工具。

马卡姆虽然已经不在皇家地理学会掌权，但仍有相当的影响力，而斯科特的另一个主要盟友就是他的新婚妻子凯瑟琳 · 布鲁斯（Kathleen Bruce）。凯瑟琳是一位才华横溢的女雕塑家，个性解放，有着波希米亚式的生活方式，斯科特于 1906 年年初通过他的姐姐埃蒂 · 埃利森 – 麦卡特尼（Ettie Ellison-Macartney）结识了她。凯瑟琳比斯科特更加自信，尽管如此，她还是把斯科特视为自己心目中的英雄，希望他能成为自己儿子的父亲，并将帮助斯科特取得成功当成了自己的使命。反过来，斯科特也很崇拜凯瑟琳，他把她当成了知己，会向她倾诉自己内心深处的不安。凯瑟琳端庄美丽，富有魅力，她人脉很广，甚至在海军高层当中也有不少朋友。两人于 1908 年 9 月 2 日结婚，并很快迎来了他们唯一的儿子——彼得（于 1909 年 9 月 14 日出生）。在这些人生大事之间，1909 年 3 月 24 日，斯科特得到了在第二海务大臣手下担任参谋的最终任命（部分是在他妻子的帮助下取得的）。就在这一天，他听说沙克尔顿已经到达了距离南极点 156 千米的地方——在斯科特看来，这是不光彩的，因为沙克尔顿违背了不使用麦克默多湾基地的承诺。

1909 年 9 月，随着沙克尔顿成功激发了英国民众对于极地探险的兴趣，突然传来了库克和皮尔里声称自己抵达北极点的消息。此时，德国和日本的南

1912 年 1 月 18 日，斯科特的这面丝绸雪橇旗曾在南极迎风飘扬，上面绣有他的鹿头纹章和箴言：一切准备就绪（Ready Aye Ready）。

91 极探险计划也在酝酿之中。13 日，几乎正是阿蒙森突然改变航线的时候，斯科特宣布他将于 1910 年再次前往南极。他写道：“这次探险的主要目标是到达南极点，我会取得这项成就，为大英帝国赢得这项荣誉。”当时，沙克尔顿欲再次重返南极的计划没有取得成功，但他向斯科特保证，两人之间不会再发生利益冲突了。

> 我们被挪威人抢先了一步，这让人很遗憾，但我仍然感到非常自豪，因为这是我们通过最佳的英国式极地运输方式所取得的成就。这就是不列颠传统的、利用人力拖曳雪橇的方式……
>
> 1912 年 1 月 17 日，亨利·鲍尔斯记于南极点

斯科特新探险行动的准备工作可谓是结合了“发现号”和“猎人号”两次南极探险的经验和教训。同样由海军人员作为骨干，但他不得不自己筹集资金，最终达到约 5 万英镑。为了提早适应南极的天气，斯科特将准备工作的最后期限从 1910 年 8 月提前至 6 月 1 日，也就是说他将有 9 个月的时间进行准备，相比之下，沙克尔顿只有 7 个月的准备时间。

92 事实证明，筹款是一项艰巨的任务，直到抵达澳大利亚和新西兰后，斯科特才筹集到所需的款项，不过，受到爱国主义的感召，英国国内的赞助商们还是为探险队提供了物资和设备，学校为探险队购买雪橇犬和矮马捐款，政府也提供了两万英镑的资助。

斯科特无法再使用“发现号”了，它现在属于哈得逊湾公司（Hudson’s Bay Company）所有。于是，斯科特选择了舰龄较长的“特拉·诺瓦号”，该船始建于 1884 年，排水量为 700 吨，船型属于苏格兰蒸汽辅助船，海军部已经将其转卖给了捕鲸公司。斯科特将“特拉·诺瓦号”重新买回来时，她已经破旧不堪了，全靠埃文斯努力工作，才奇迹般地改善了她的状况，即便如此，该船的条件也跟“猎人号”相似：拥挤、超载、不舒服且非常危险。在到达麦克默多湾之前，她差点在南大洋的风暴中沉没，原因包括没能及时更换损坏的紧急水泵，以及从新西兰启程之后，船上缺乏工程师。尽管斯凯尔顿本人

图中所示的场景是在“特拉·诺瓦号”上，与矮马在一起的奥茨上尉，根据斯科特的计划，它们将是南极点争夺战胜利的重要一环。尽管缺乏证据支持，但斯科特还是指望它们能有超出预期的亮眼表现。这张照片由赫伯特·庞廷拍摄于 1910 年 12 月。

就是一名专业工程师，但由于他的军衔超过了埃文斯，埃文斯不想让他加入探险队。因此，斯科特不得不从两人之中选择一个——他最终决定抛弃斯凯尔顿。考虑到探险队携带的机动牵引车是由斯凯尔顿研发的，这实际上是一个错误选择。

威尔逊是斯科特不可或缺的精神支柱，他早就同意作为艺术家和科学团队的负责人加入探险队。“特拉 · 诺瓦号”科学团队的阵容可谓十分强大，包括雷蒙德 · 普里斯特利（Raymond Priestley）——一位曾经加入过“猎人号”探险队的地质学家，他在新西兰正式入选斯科特的团队。其他加入新探险队的前“发现号”老队员还包括克林、拉什利和魁梧的威尔士海军士官埃德加 · 埃文

探险队的小屋，背景是埃里伯斯火山。照片左侧的马厩是用草料包建造的，房椽上盖着防水油布。照片由赫伯特·庞廷拍摄于1910—1911年间。

斯科特的“书房”，杂乱地摆放着他的书籍、凯瑟琳和他儿子彼得的照片、极地服装和一个烟斗架，他心爱的海军大衣就摆在床上。照片由赫伯特·庞廷拍摄于1911年冬天。

一张斯科特探险队中军官和科学家们的非正式合影，桌子上，由德本赫姆带到船上的泰迪熊非常显眼。照片由赫伯特·庞廷拍摄于 1910 年 12 月，拍摄地点位于“特拉·诺瓦号”的军官室。

奥拉夫·比亚兰德是一位滑雪专家，照片中的他正在刨削一具滑雪板，为探险队前往南极点做准备。在准备行动中，阿蒙森探险队的队员们调整了滑雪板，根据个人喜好定制了新的绑腿和冰爪，并且对雪橇进行了改进，使其装卸物资变得更加简单。

斯。实际上，在宣布招募探险队员后，斯科特被大约 8000 名形形色色的志愿者所包围。在马卡姆的协助下，斯科特从中挑选了英印皇家海军陆战队中尉亨利·鲍尔斯，他因为鹰钩状的面部特征得到了"小鸟"的绰号。捐款也可以提升入选探险队的概率：富裕但朴实无华的骑兵——劳伦斯·奥茨上尉曾在第六恩尼斯基伦龙骑兵团（6th Inniskilling Pragoons）服役并在布尔战争中遭受重伤，由于他对和平时期的军旅生涯感到厌倦，于是自愿报名加入探险队，并愿意提供 1000 英镑的捐款以购买一个名额。斯科特没有吸取沙克尔顿的教训，他打算继续使用矮马。由于奥茨对马匹非常了解，本来派遣他去采购矮马可谓人尽其才，但斯科特却另派其他人去从事这项工作。斯科特将这个任务交给了塞西尔·米尔斯（Cecil Meares），他是一位相当神秘的俄罗斯问题专家，据说曾经从事过间谍活动，也是探险队中唯一一位拥有驾驭雪橇犬经验的英国人。

95

尽管斯科特对狗拉雪橇没有什么信心，但在南森的劝说下，他还是打算购买一些雪橇犬并带到南极，而米尔斯自己也进行了一次史诗般的旅行，他到西伯利亚采购了 33 条最好的雪橇犬——约为阿蒙森探险队携带犬只数量的三分之一。斯科特几乎是随口告诉米尔斯再去采购一些矮马，但后者实际上对它们一无所知。奥茨很快便会发现，米尔斯从 8000 英里[①]外的奉天运到新西兰的 20 匹矮马大多是质次价高的"样子货"，还有 1 匹在运输途中死亡。

斯科特对滑雪的态度和对雪橇犬的态度是一样的。尽管斯科特在"发现号"的探险行动中亲自尝试过滑雪，但他并不知道如何才能提高效率，直到他在挪威对一台雪橇牵引器展开测试后才恍然大悟。在挪威，南森向斯科特介绍了一位家境优渥的年轻人——特吕格弗·格兰（Tryggve Gran），他一直在尝试自己主导一场探险活动。格兰当着斯科特的面进行了滑雪展示，尽管这对于挪威人来说稀松平常，却给斯科特留下了深刻印象，以至于他改变了主意，决定带上滑雪板前往南极，并邀请格兰来担任滑雪教练。今天，数以千计的业余爱好者可以亲身体会到作为一名成年人，要想精通滑雪是多么困难，然

① 1 英里约等于 1.6 千米。

而，在很多年以前，斯科特却相信他装备更为简陋的手下能在一次探险中临时学会这项技能，甚至将自己的生命托付在上面，这未免有点太滑稽了（相比之下，阿蒙森手下都跟格兰一样，自打会走路起就已经踏上滑雪板了）。其他在斯科特的团队中扮演重要角色的人还包括：阿普斯利·谢里－加勒德（Apsley Cherry-Garrard），一位年轻的剑桥大学毕业生，他也通过捐款获得了一席之地，并写下了关于这次探险的最佳纪录之一；退役海军上尉维克托·坎贝尔（Victor Campbell），"特拉·诺瓦号"的大副，他将担任探险队第二分队的队长——该分队在南维多利亚地（South Victoria Land）登陆并进行了探索；还有赫伯特·庞廷（Herbert Ponting），他拍摄的特写照片和电影片段以视觉素材的形式将斯科特的最后一次探险永久地保存了下来。在探险队中，斯科特被称为"船主"，泰迪·埃文斯被称为"船长"，令人敬畏的坎贝尔被称为"损友"，奥茨被称为"提图斯"或"士兵"，而威尔逊这位和事佬，被称为"比尔叔叔"。

1910 年 6 月 1 日，伦敦的爱国民众举行盛大仪式，为斯科特探险队送行，仪式中，"特拉·诺瓦号"悬挂起皇家海军旗，这是"发现号"不曾有过的殊荣（斯科特已经成为英国皇家赛艇舰队的成员，因而拥有悬挂皇家海军旗的特权）。与此同时，凯瑟琳与泰迪·埃文斯的妻子，还有威尔逊的妻子一起，乘汽船远赴新西兰。11 月 29 日，当"特拉·诺瓦号"从查默斯港（Port Chalmers）起航时，将是这些夫妻之间的最后一次道别。"特拉·诺瓦号"在经历暴风骤雨之后，于 1911 年 1 月 5 日抵达麦克默多湾并开始卸货，途中有两匹矮马死亡，一条雪橇犬被冲进了海里。斯科特被迫在小屋岬以北约 20 千米处的埃文斯角（Cape Evans，位于罗斯岛）安营扎寨，而未能按原定计划在东侧更靠近极点的克罗泽角（Cape Crozier）登陆。在卸货过程中，探险队员不小心使一辆机动牵引车掉到了冰面上，它当场砸穿海冰沉入海底。

96

1 月 24 日，斯科特亲自率领一支人数较多的分队，开始在"大冰障"以南建立补给点。尽管威尔逊和米尔斯各自率领一支狗拉雪橇队成功完成了任务，但斯科特仍然对其持怀疑态度，直到奥茨最担心的问题化为现实——矮马状况频出之后，斯科特才对表现更好的雪橇犬队刮目相看。与沙克尔顿探险队遭遇的问题相同，矮马们在深深的雪地中挣扎，而不是像狗一样在上面小跑；它们有时会出汗，有时则会因为皮毛不够厚而被冻僵，需要不停地照料，相比之下，狗不会出汗，而且皮毛很厚。此外，矮马的饲料全部都需要特别供应，这给探险队员们带来了额外负担。南极洲可以为狗和人提供取之不尽用之不竭的海豹肉和企鹅肉，但无法为食草动物提供哪怕一丁点食物。仅仅经过 18 天的行进，矮马们就已经变得异常虚弱了，奥茨建议尽量让它们发挥余热——也就是说走得越远越好，然后将其全部屠宰，以充实“极点队”（Polar Party，为探险队的正式名称）的肉类储备。比奥茨更加感性的斯科特却坚持将其中三匹最虚弱的矮马遣送回去，不过，仅有一匹矮马在旅途中幸存下来。其结果是，当探险队远征南极点所依靠的主要供应站——著名的“一吨”补给站最终建立起来时，它距离埃文斯角以南只有 210 千米，距离原定地点北纬 80 度线偏北了整整 48 千米。

布设补给点的分队在 2 月底又回到了小屋岬，但在此之前，鲍尔斯、谢里 – 加勒德和克林犯了一个致命错误，他们带着 5 匹幸存小马中的 4 匹在海岬南侧脆弱的海冰上露营。结果冰面在夜间破裂，一匹矮马当场被海水吞没，三人幸运地没有落水，但只能随冰漂流，而致命的虎鲸即将赶来。克林从一块浮冰跳到另一块上，终于在大冰障前方得到了斯科特的帮助。他的同伴们也抛弃了矮马，并设法逃到了安全的地方。第二天，探险队员们终于找到了营救矮马的机会，但还是有两匹矮马掉进了海里，为避免其被虎鲸抓住，不得不先用冰镐杀死了它们。在 4 月中旬之前，冰层的暂时崩解将整个探险队都困在了“发现号”留下的旧棚屋里，尽管这里并不舒适，但能观察到埃文斯角的状况。

97

时间已经到了 2 月下旬，斯科特收到了坎贝尔从“特拉 · 诺瓦号”发来的消息，坎贝尔声称无法按照最初计划在罗斯海东侧的爱德华七世地登陆。2 月 3 日，坎贝尔发现阿蒙森探险队已经在鲸鱼湾的冰障边缘附近安营扎寨了，实际上，“弗拉姆号”比斯科特晚了整整 10 天才抵达那里，但与后者相比，其距离极点要近 100 千米。双方进行了会面，尽管与会人员都表现得非常礼貌谨慎，但也都展现出了热情好客的一面，阿蒙森异常坦率地表示，他打算在第一时间到达极点。坎贝尔清楚地看到，阿蒙森探险队是一支结构紧凑、准备充分、气氛融洽的团队（与“特拉·诺瓦号”相比，“弗拉姆号”堪称豪华），此外，他们还拥有令人印象深刻的、行进如风的狗拉雪橇和滑雪专家，在迎接对手的时候，挪威人对二者进行了展示，这是他们惯用的小伎俩。阿蒙森邀请坎贝尔在附近建立一个基地，但他拒绝了。随后，坎贝尔匆忙赶到小屋岬，把消息带给斯科特，并在那里留下了两匹矮马。紧接着，坎贝尔马不停蹄赶往阿代尔角（Cape Adare），并赶在“特拉·诺瓦号”离开南极返回新西兰过冬之前，在该地附近建立了一个营地。

现在，斯科特终于意识到，这将是一场竞赛，但他还不知道奖品将会以多快的速度从自己手中溜走。虽然阿蒙森也遭遇了一些挫折，包括帐篷出现问题、滑雪靴不合适、一些队友之间出现个人矛盾和健康问题（阿蒙森自己就饱受痔疮的折磨，这给他的极地生活带来了许多困扰），而且他的雪橇犬在重新适应极地环境之前，也已经过度消耗了体力。但是阿蒙森还是率领探险队于2月14日在南纬80度的区域建立了一个补给站。这比斯科特的“一吨”补给站距离极点近了56千米，距离阿蒙森称之为“弗雷门海姆”（Framheim）的基地仅有4天的路程。3月的第一个星期，斯科特探险队已经结束了该季节利用雪橇向补给站运送物资的任务，不过，挪威人把他们最远的仓库设在了南纬82度的区域，比“一吨”补给站距离极点近了240千米。阿蒙森的理念是力求在每一个点都预留很大的安全空间，他的目标是在南纬83度，甚至在距离极点110千米的地方都设置补给点，这引发了一些人的质疑。4月，斯科特探险队布设补给点的分队进行了最后一次旅行，前往南纬80度的一个补给点运送海豹肉，他们在旅行途中遭遇了一次突发事故：有两条雪橇犬不幸消失在了冰裂缝里。几天后，分队回到了埃文斯角。除此之外，探险队没有遇到过什么大麻烦，他们每天的行进距离在24千米到80千米之间。在历时两个多月的一系列快速运输中，阿蒙森率领8名队员和50条狗搬运了3吨物资；相比之下，斯科特带着13名队员和8匹矮马利用一个月时间，却只运送了1吨物资，还损失了其中7匹矮马。

98

斯科特探险队延续了“发现号”的过冬模式。即使在埃文斯角的小屋里，斯科特探险队队员之间的阶级差别也是泾渭分明的，军官和士兵绝不会混居一处，但他们从事的工作大致相同——都在忙着进行科学观测或维修设备。威尔逊恢复了《南极时报》的出版，庞廷举办了幻灯片放映会，整个探险队在6月22日冬至节（南极圣诞节）举行了隆重的庆祝仪式。谢里–加勒德在《世界最险恶之旅》（*The Worst Journey in the World*）一书中讲述的故事就发生在这个时候。27日，经过斯科特的同意，威尔逊带着谢里–加勒德和鲍尔斯赶往克罗泽角的企鹅繁殖地收集帝企鹅蛋，以用于科学研究。这是一段极为艰苦的旅程，黑暗中，三人在崎岖的地形上艰难跋涉。他们拖着两个沉重的雪橇，每

威尔逊博士、鲍尔斯和谢里–加勒德的合影。不久前，他们不顾隆冬时节的严寒，赶往克罗泽角的企鹅繁殖地收集帝企鹅蛋，照片就拍摄于他们刚回来没多久。这一次有惊无险的旅程激发了谢里–加勒德的创作灵感，后来他撰写了《世界最险恶之旅》，这本书成为关于“特拉·诺瓦号”探险历程的著名书籍。照片由赫伯特·庞廷拍摄于1911年8月。

身穿极地服装的斯科特站在满载物资的雪橇旁边。他宽松的衣服更适合利用人力拉雪橇，而且这类衣物比较灵便，透气性也比毛皮更好。照片由赫伯特·庞廷拍摄于1910—1911年间。

天的行程只有两三千米。由于气温骤降至 –60.8℃，再加上衣物太薄，以及帐篷被暴风雪吹走，他们险些丧命。幸运的是，他们后来找到了帐篷，并在7月底带着满身的严重冻伤踉跄逃回了基地。

99

南极的漫长极夜终于在8月的第三周结束了，9月13日，斯科特概述了他前往南极点的计划。这次进军刚开始有17名队员参与，但最终只有一支4人小组会抵达终点。总的来说，这将是一次超过2575千米的漫长旅程。最初，探险队员们将与矮马一起出发，一旦它们在旅途中死亡，队员们就只能依靠自己和机动牵引车来拉雪橇了。这些矮马会把补给物资拉到最前方，而雪橇犬则专门负责给矮马运送饲料，然后再返回基地。这些都表明，斯科特仍然没有想好究竟该如何使用雪橇犬。

在漫长的冬季，探险队员们挤在狭小的空间里，精神压力非常大，因此他们很难把工作做到尽善尽美。尽管斯科特表面上依然显得十分冷静，工作也有条不紊，但对探险队和自身能力的怀疑正如野草一样在他的内心滋长，他有时会突然抑制不住自己的脾气，对下属进行挑衅和辱骂。斯科特和副手泰迪·埃文斯之间的关系越来越紧张，他现在对泰迪·埃文斯十分不满，认为只要他不在海上就是一个彻头彻尾的“笨蛋”。奥茨也认为斯科特不是一个好领导，他觉得使用问题频发的矮马是斯科特的失职。

1911 年 11 月 1 日，斯科特极点探险队正式出发，他们拖着雪橇，但由于当时正刮着猛烈的暴风雪（这在夏季十分反常），雪橇上只装载了 1 吨给养。很快，他们就遇到了埃文斯遗弃的机动牵引车——由埃文斯率领的队伍率先出发，比斯科特提早了 6 天。其中一辆机动牵引车在距离小屋岬 22 千米处抛锚，另一辆在距离前者 80 千米处发生故障。当时的技术还很不成熟，但机动牵引车这么快就报废还是大大出乎了埃文斯和拉什利（Lashly）的意料，从那时起，他们就不得不利用人力运输物资了。斯科特在 11 月 21 日追上了埃文斯，3 天后，他们射杀了第一匹矮马，用来喂养米尔斯和俄罗斯驭手德米特里·格罗夫（Dmitri Gerov）的雪橇犬。28 日，探险队布设完所谓“中央冰障补给点”
100 （Middle Barrier depot）后，又射杀了 1 匹矮马，第二天，他们经过了 1902 年斯科特探险队所抵达的最南端。此时，天气仍然很糟糕，暴风雪让探险队员们的衣服和睡袋都湿透了。12 月 9 日，当他们在比尔德莫尔冰川海拔 177 千米的山脚下露营时，被迫杀死了 10 匹矮马中的最后一匹。从现在起，他们将完全靠自己来拖曳重达 320 千克的雪橇了。

对斯科特探险队而言，他们不可能预知到自己将会输掉这场“南极点争夺战”，而阿蒙森也面临着出师不利的状况。9 月 8 日，他带着 7 名探险队员出发了（事后来看，这时出发还为时过早），只留下一名厨师留守弗雷门海姆大本营。一周后，由于人和狗都扛不住寒冷的天气，探险队又匆匆忙忙地逃了回来。这件事导致阿蒙森团队发生内讧，有两人拒绝再次参与前往南极点的行动——其中最重要的是哈尔默·约翰森（Hjalmer Johansen），他是南森的前队友，经验丰富，曾被寄予厚望，但精神状态存在问题（约翰森于 1913 年自杀）。然而，阿蒙森很快压制了不同意见，10 月 15 日，他只带了
101 5 名队员、4 架雪橇和 52 条雪橇犬重新出发，约翰森和另外两人则另寻其他

比尔德莫尔冰川之上，由鲍尔斯率领的雪橇队正在奋力地拉着沉重的雪橇。实际上，这张照片展示的是队员们经过短暂的停歇后，努力将雪橇拖往他处时的情景，他们试图将雪橇拖到埃文斯中尉率领的雪橇队所留下的车辙之中。照片由斯科特拍摄于 1911 年 12 月 13 日。

目标，事实上，他们成功地“第一次踏上”了爱德华七世半岛——刚好领先于日本人。

尽管天气恶劣，地形崎岖，但依赖因纽特人提供的毛皮大衣，阿蒙森一行人得以在干爽且温暖的情况下从容前进，他们乘坐雪橇每天可以行走五六个小时，行程达到 32 千米。阿蒙森探险队有很多优势，不论是狗、雪橇还是熟练的滑雪者，都可以在雪面上前进，从而节省了大量体力。此外，受益于阿蒙森之前的布置，队内的人和狗也都吃得饱、睡得好。相比于斯科特探险队，阿蒙森探险队还携带了更多物资，实际上，其每辆雪橇上承载物资的重量都有前者的两倍之多。随着阿蒙森探险队人数下降，他们之前在南纬 82 度布设的补给点所面临的压力也减轻了，这令整个团队的安全边际进一步拓展了。谨慎的阿蒙森还不满足于此，他更改了计划。由于携带了充足的物资，探险队得以在南纬 82 度线以外布设了更多外观醒目的补给点（即每隔 60 海里就有一座）。这为雪橇犬减轻了负担，并确保探险队在返回时不会因为补给不足而出现“苦难行军”的状况。相比之下，斯科特则盲目相信天气会转好（实际并没有发生），而且在“一吨”补给站之外，仅布置了为数不多的几个补给点作为安全备份。斯科特探险队员身穿的服装均由人工材料制作，远远比不上阿蒙森探险队员身穿的皮草，后者既可以保暖还可以排汗。而且，从效率上看，斯科特探险队换装的滑雪板也没有比他们之前装备的雪鞋强多少。除了米尔斯、格罗夫和雪橇犬外，斯科特的人和矮马每天需要跋涉长达 8 小时，行程却不超过 21 千米，在这期间，潮湿和寒冷交替袭向他们。

由于身处罗斯海的更东侧，阿蒙森翻越大冰障的旅程要比斯科特更长，但在极地高原高海拔地区，阿蒙森的旅程却要比斯科特短 193 千米。到 11 月 17 日，挪威人已经离开了“大冰障”，来到人类从未见过的地方——属于南极横贯山脉一部分的毛德皇后山脉（Queen Maud Range，由阿蒙森命名）耸立在他们的眼前，其海拔高度达到了 4570 米。19 日，他们向西转了一圈，翻过越来越难爬的外围山脊，意外地来到了一座巨型冰川的边缘，阿蒙森将其命名为阿克塞尔 · 海伯格冰川——这是他的一个赞助人的名字。这座冰川的景象令人惊叹，与从极地高原缓缓向下延伸 160 千米的比尔德莫尔冰川陡坡截然不同的是，阿克塞尔 · 海伯格冰川的落差极大，在 32 千米的范围内，下降了 2440 米，且大部分落差都集中在短短 13 千米的范围内。阿蒙森再接再厉，利用剩余的 42 条狗接力将雪橇拉了上去，到 11 月 21 日，探险队员们已经站在了阿克塞尔 · 海伯格冰川的顶端，自离开“大冰障”以来，他们仅用了 4 天时间就走了 71 千米。

102

他们在距离南极点只有 440 千米的一个名为“肉铺”（The Butcher's Shop）的营地停了下来。在这里，阿蒙森先是赞扬了雪橇犬们的杰出表现，然后立即下令射杀了其中 24 条。尽管很遗憾，但按照预先制订的计划，必须将它们的肉喂给其他幸存者。阿蒙森自己和他的部下们也亲手切下并吃了狗肉，他们认为这有助于防止坏血病（现在看来，这是一个正确的判断）。奥拉夫 · 比亚兰德（Olav Bjaaland）写道：“我们曾经在善良的格陵兰人那里享用过这样美味的晚餐，我要说它们的味道真的很好。”从那时起，阿蒙森探险队就只剩下 3 架雪橇了。他们乘着这些仅剩的雪橇小心翼翼地前进，冒着猛烈的暴风雪在一系列至今仍被称为"魔鬼冰川"的险恶裂缝区穿行。到12月8日，天色终于放晴，在天气好转的情况下，阿蒙森探险队经过了沙克尔顿当年抵达的最南端——距离极点156千米的地方，队员们纷纷对沙克尔顿当年的壮举表达了敬意，因为相较自己，他们在各方面都处于劣势，但仍然取得了这样大的成就。

同一天，斯科特探险队还在比尔德莫尔冰川下方，比阿蒙森探险队落后了大约400千米。他们在38天内行走了610千米，而阿蒙森仅用了29天就行走了620千米。12月9日，斯科特下令射杀了最后5匹饥肠辘辘、精疲力竭的矮马。两天后，斯科特将雪橇犬带到了比预期更远的地方，甚至拽着它们爬上了冰川较为低矮的部分，并建立了"下部冰川补给点"（Lower Glacier Depot），不过，与此同时，斯科特却命令米尔斯和格罗夫带着雪橇犬立即返回大本营。斯科特现在已经认识到：自己对于雪橇犬的偏见是一种误判，但已经没有足够的物资供它们继续前进了。对于米尔斯和最后一批跟随他攀登至冰川顶部的支援分队来说，这是一段艰难的旅程，因为他们只携带了很少的口粮。在比尔德莫尔冰川下方，斯科特探险队布设了一座命名为"屠宰场"（Shambles）的矮马肉仓库，不过，该仓库与探险队设在南纬79度28.5分的"一吨"补给站之间有超过640千米的距离，在相隔如此遥远的路线上，斯科特探险队却只设置了2个补给点。相比之下，阿蒙森探险队设置了6个补给点：在南纬80度之外，每增加一个纬度就设置一个新补给点，而且最后一个补给点距离大本营弗雷门海姆非常近。

随着雪橇犬离去，英国探险队只能在一个高达近2740米的陡峭冰川上独自拖曳雪橇了。这意味着，每名队员的腰上都绑着重达91千克的安全带。另外，有时候需要把雪橇从厚厚的积雪中拉出来，以及每次停下来时，雪橇的滑行装置都会被迅速冻结到地面上，遇到这两种情况，队员们就需要花费更大的力气。随着矮马损失殆尽，斯科特为先前的"美好构想"付出了沉重的代价，探险队员们只能靠自己的一己之力，面对全部艰难、困苦和危险，没有一条雪橇犬可以帮他们分担这些痛苦。鲍尔斯曾推崇过人力拉雪橇的方式，认为这是一件“好事”，可以驳斥英国人正在变得颓废堕落的观点，现在他发现这是他所遇到过的最累人的工作。斯科特现在终于了解到，可以把滑雪板垫在雪橇下方，再拉动雪橇，这样就可以提升穿越裂缝地带的安全性了。此前，斯科特对沙克尔顿制订的旅程时间表进行了压缩，从而规定了极为苛刻的步速，但在实际中，队员们并不总能按照这一速度前进。在接近冰川顶部时，首批支援分队的四人（包括外科医生、E.L. 阿特金森、谢里－加勒德和一名未知队员）奉命返回大本营，只留下两架雪橇继续前进。其中一架雪橇由斯科特、威尔逊、奥茨和埃文斯军士负责拖曳。另一架雪橇由泰迪·埃文斯率领，他的手下包括鲍尔斯，以及坚韧的海员拉什利和克林。斯科特现在对埃文斯中尉抱有难以掩饰的敌意，因此他忽略了自从机动牵引车发生故障以来，埃文斯中尉和拉什利已经比其他人多拉了大约 640 千米的雪橇。圣诞节那天，埃文斯率领的团队差点因为一道裂缝而出现伤亡：当时，拉什利（正值他的 44 岁生日）正在攀爬一条长度超过 23 千米的陡坡，突然一脚踩空，虽然他身上系着安全带，但整个身体都消失不见了。幸好队友反应及时，才把他重新拉了出来。由于队员们越来越疲惫，指挥官现在只能驱使而非领导他们。

12 月 31 日夜，为了减轻负荷，同时也为了消弭关于谁将最终前往极点的争论，斯科特命令埃文斯团队抛弃滑雪板，继续步行。1 月 3 日，在距离极点 240 千米的高原上，斯科特将自己所在的小组重新命名为“南方分队”（Southern Party），但在最后一刻，鲍尔斯也加入了这个旨在向极点发起最后冲刺的团队。在选择团队人员的时候，斯科特忽视了威尔逊和阿特金森提供的专业医学意见，即拉什利和克林的身体状况都要好于埃文斯军士，后者曾在调整雪橇时严重割伤了手。另外，随着矮马全部死亡，奥茨驯服和驾驭它们的工作实际上也已经宣告结束了，况且他已经感到十分疲惫。奥茨的腿曾在战争中受过伤，目前已经旧伤复发，导致走起路来一瘸一拐的，他的脚也出现了问题。尽管如此，斯科特却并不真正在意他们是否适合继续走下去。因为根据斯科特的设想，抵达南极点时，队中必须有一位来自陆军的代表。同理，队中也必须有一位海军士兵代表。如果斯科特是一个更有洞察力的人，他就会明白：奥茨之所以能继续前进，完全是出于对荣誉的渴望和钢铁般的毅力，因此，把他派回去才是一种仁慈的做法。斯科特选择鲍尔斯的原因是：他是除泰迪·埃文斯之外唯一可靠的航海家，对斯科特忠心耿耿，身体异常强壮。然而，与其他人相比，鲍尔斯的腿比较短，而且按照先前斯科特的命令，他扔掉了滑雪板，在拉雪橇方面处于劣势。另外，现在四人帐篷里又多了一个人，这令所有人都感到很不舒服。更糟糕的是，最后冲刺阶段的补给只有四个人的分量，而现在突然增加了第五个人，这使得原先关于两种补给品配额的计算都失去了意义。事实上，南方分队制定的饮食标准是每天摄入约 4500 卡路里，而队员身体的实际消耗为每天 6000 卡路里或更多。因此，他们从一开始就被迫忍饥挨饿，坏血病的初期症状也开始在队员身上显现——奥茨旧伤复发，埃文斯手上的伤口也开始恶化。

104

1 月 4 日，当斯科特、威尔逊、奥茨、埃德加·埃文斯和鲍尔斯逐渐消失在白色的地平线上，并就此成为记忆和传奇的时候，其他三人也转身踏上了一条绝望的归途。1912 年 2 月中旬，泰迪·埃文斯在罗斯岛（Ross Island）冰障附近的海角营地（Corner Camp）身患坏血病，濒临死亡。他之所以能活下来，多亏了拉什利和克林。前者一直在无微不至地照料他，后者则单枪匹马地从小屋岬获取了救援物资。

斯科特等人的进展起初还算顺利，但很快就被地面厚重的雪层和大风形成的雪脊所阻碍，这增大了使用滑雪板的难度系数，队员们只能把它们暂时搁在一旁。8 日，南方分队被一场小规模暴风雪困在帐篷里（相比之下，更糟糕的是竞争对手阿蒙森在类似条件下一天走了 21 千米）。9 日，斯科特兴高采烈地通过了沙克尔顿探险队曾经到过的最南端，当天正值前者抵达此地四周年的纪念日，但这也是全队最后一次如此欣喜了。由于营养不良和精疲力竭，每个人都感到越来越冷，只有击败阿蒙森、夺取南极点争夺战胜利的信念才能使他们振作起来。1912 年 1 月 16 日，鲍尔斯在远处发现了一个黑点，输掉这场竞赛的“可怕的预感”逐渐成了现实。这是一面竖立在营地遗迹附近的标记旗，遗迹内有许多条狗留下来的痕迹。

阿蒙森于 12 月 8—9 日在距离极点 153 千米的地方布设了最后一座补给点，

1911 年 12 月 14 日，维斯廷、比亚兰德、哈塞尔和阿蒙森在南极点留下的合影。照片由汉森拍摄。阿蒙森写道，“一起把国旗插在极点是所有冒着生命危险的人的特权”。

1911年12月14—16日，维斯廷或汉森与雪橇犬队在南极点的合影。他们最初携带的52只雪橇犬中有17条成功到达了极点，12条安全返回。照片由比亚兰德拍摄。

并在10日经过充分休息后继续出发。从整个行程来看，阿蒙森制订的前进速度是每天24千米，他很少尝试加快速度，但在最后冲刺阶段，整个探险队的平均速度达到了每天26千米。

尽管阿蒙森同样面临着给斯科特带来巨大麻烦的雪况，但利用专业知识，其队内的狗、雪橇和滑雪板都能维持正常运转。实际上，此时天气总体晴好，阿蒙森探险队所面临的主要问题是较高的海拔，但12月12日他们到达海拔3200米的最高点后，向南行进的路线开始变得平缓，海拔高度也在不断降低。相比之下，斯科特探险队攀登比尔德莫尔冰川的速度较慢，但这至少有一个好处，就是留给他们更多时间来逐渐适应高海拔环境。

15日下午3点，阿蒙森像往常一样在队伍最前方滑雪前进，他的雪橇驭手突然喊了一声“停下”，并告诉阿蒙森，根据雪橇仪表的读数，他们现在已经抵达极点。阿蒙森简单地回应道：“感谢上帝。”五名探险队员擎着挪威国旗拍照，然后共同将旗杆插在南极点，阿蒙森将该地区命名为“国王哈康七世高原”（King Haakon VII Plateau）。由于相机损坏，探险队拍摄的正式照片都没有冲洗成功，只有比亚兰德拍摄的私人照片记录到了这一场景。考虑到先前库克和皮尔里关于谁才是首个抵达北极点的人吵得不可开交，在接下来的两个晴朗日子里，挪威人对南极点周围的环境进行了详细勘察，并确定了他们所认为的南极地理极点的确切位置——位于距此约10千米处的一个地方。随后，他们在该地留下了一顶备用帐篷和一面旗帜作为标记。阿蒙森在这里留下了一封写给挪威国王哈康七世的信，请求斯科特转交，从而证实他们的成果。这封信后来和斯科特的遗体一起被人发现。18日，挪威探险队踏上了归程。阿蒙森留下了多余的设备，并留下一张字条，邀请斯科特带走他所需要的任何东西。他还考虑过留下一罐燃料，不幸的是，阿蒙森相信斯科特探险队会拥有充足的补给，因而最终没有这样做。

返回基地的途中，阿蒙森探险队有一段时间在阿克塞尔·海伯格冰川的顶部附近严重迷失了方向，不过，1912年1月26日，挪威人还是带着幸存的12条雪橇犬，沿着常规补给路线穿越大冰障回到了弗雷门海姆，并且全都保持身体健康。他们在99天时间内，行走距离超过了2575千米。阿蒙森探险队携带的干粮种类非常丰富，质地也十分优良，另外，他们还食用了大量鲜肉，这些都有效预防了坏血病的发生。事实上，探险队员在返回基地时竟然都变胖了。此时，“弗拉姆号”已经驶入他们的眼帘了。30 日，阿蒙森探险队搭乘该船驶往塔斯马尼亚（Tasmania）的霍巴特（Hobart），在经历了漫长的暴风雨之后，队员们于 3 月 7 日到达那里，并向全世界宣布了他们的好消息。

1 月 18 日，云层密布，有风，气温为 -30℃，斯科特终于发现了阿蒙森的旗帜和他的帐篷。“全能的上帝啊！”斯科特绝望地写道：“这真是一个可

斯科特等人检查阿蒙森在南极点留下的帐篷时的情景。斯科特写道：“挪威人先我们一步到达了极点……我为我忠实的同伴们感到非常遗憾。”照片由鲍尔斯拍摄于 1912 年 1 月 18 日。

“南方分队”在南极点拍摄的合影。从左至右分别是奥茨上尉、鲍尔斯中尉、斯科特上校、威尔逊博士和埃文斯军士，他们身边插着英国国旗和雪橇旗。照片由鲍尔斯拍摄于 1912 年 1 月 18 日。

怕的地方，我们历尽千辛万苦却没有拔得头筹，这真是太可怕了。”鲍尔斯用“与艰苦旅程之间的斗争更胜于竞赛的结果”来安慰自己，但奥茨冷静地指出，“阿蒙森头脑很清醒……他们的队员和雪橇犬们似乎度过了一次舒适的旅行，与我们辛辛苦苦地利用人力拉雪橇截然不同”。队员们在阿蒙森的帐篷里留下了一张字条，取走了他的信和一双备用驯鹿皮手套（分给了鲍尔斯）。然后，他们在不远处竖起了一座石堆，斯科特写道，“我们把可怜的国旗挂起来，给自己拍照——做这些工作的时候，气氛异常冰冷”。19 日，斯科特探险队踏上归程，他们将会饱尝近 1300 千米跋涉的艰辛以及白日梦多

109

半破灭的痛苦。

从一开始，这就是一段令人沮丧的旅程。在顺风的情况下，队员们可以利用风帆来推动雪橇以节省力气，但很快，风力就变得太大了，雪面上的痕迹很快就消失不见了，这导致他们很难找到之前留下的小石冢（用于标记路线）和补给点。1 月 31 日，鲍尔斯找回了滑雪板，这令他感到十分高兴——他已经在没有滑雪板的情况下走了近 600 千米。不过，此时威尔逊已经患上了严重的雪盲症，并且扭伤了一条腿，奥茨的脚趾已经开始变黑了，埃文斯的身体机能也在大幅下降。

110

埃文斯军士是队内最高大强壮的人，他营养不良的状况也最严重，他被割伤的手在不断恶化，指甲在脱落。而且，外向自信的埃文斯军士已经不复存在了，他现在是一个孤僻沉郁的人。2 月 4 日，他和斯科特都不小心掉进了一道裂缝，当他们获救时，斯科特特别注意到：埃文斯看起来极度“迟钝和无能”。8 日，由于饼干供应不足，“南方分队”在忐忑不安中度过了一天，当他们开始沿着比尔德莫尔冰川向下走时，斯科特下令放松一天，进行地质研究。这虽然提高了士气，但浪费了宝贵的时间，还给全队增加了 16 千克的新负担。（然而后来证明，这些岩石样本是极为重要的，它们证明了南极洲起源于南部冈瓦纳超级大陆。）

此后，情况迅速恶化，他们迷路了，物资非常短缺，直到威尔逊发现了他们之前布设的“中央冰川补给点”之后，众人才暂时转危为安。然后，2 月 17 日，在埃文斯军士几次掉队后，其他人不得不去找他，结果发现他的精神和身体都处于崩溃的状态。当众人把埃文斯抬进帐篷时，他已经失去了知觉，当天夜里，埃文斯军士就去世了（不得不说，这对他而言是一种解脱）。直到如今，我们仍然不知道埃文斯的确切死因，但据推测，营养不良、寒冷、坏血病，还有因为一次摔倒而造成的脑震荡，都是有可能的。幸存的队员们在埃文斯军士身旁坐了几个小时，然后迅速走下冰川，来到大冰障附近，他们没有留下任何关于如何处理其遗体的记录。

在这一区域，“屠宰场”仓库有充足的矮马肉供应，但探险队在“南部冰障补给点”（Southern Barrier depot）储存的燃料已经所剩无几，这令人倍感忧虑。与阿蒙森采用的密封容器不同，斯科特使用的燃料储存容器有一个皮革垫圈，由于极度低温会破坏皮革，特别是如果容器还暴露在阳光下时，石蜡会通过这个垫圈泄漏或蒸发。随着夏季即将过去，现在南极的气温降到了 -30℃—40℃之间，而探险队员们每天只能走大约 10 千米到 12 千米。奥茨于 24 日停止写日记，威尔逊于 27 日停止写日记，只剩下斯科特一个人还在记录他们缓慢的进展。3 月 1 日，他们到达了"中央冰障补给点"，发现最为关键的燃料仍然少得可怜，奥茨终于承认，由于双脚被严重冻伤，他已经不可能再继续前进了。3 月 6 日，奥茨就已经不能再拉雪橇了，到了 10 日，他可能已经知道自己没有生还机会了。这一天，在"一吨"补给站已经驻守 6 天的谢里 - 加勒德、格罗夫（携带大量雪橇犬）正因为斯科特之前发出的两个自相矛盾的命令而感到困惑：守望"南方分队"还是去营救埃文斯中尉和拉什利，他们随即放弃了补给站，返回了基地。11 日，斯科特一行人距离"一吨站"还有大约 88 千米，他们携带了 7 天的食物，但燃料很少，而且这两样东西很可能在到达补给站两天之前就彻底用完了。

111

凛冽的寒风、持续的低温和日渐衰弱的身体令队员们在帐篷里待的时间越来越长了，他们开始记不清楚日期。斯科特命令威尔逊取出所有麻醉剂分发给众人，其剂量足以令他们无痛自杀了，但队员们并没有使用这些麻醉剂。大概是在 16 日晚上，由于双脚严重坏疽，奥茨无法再坚持下去了，他希望当晚入睡后能够不再醒来。当这个念头出现在他脑海时，外面刮起了暴风雪，而第二天正是他 32 岁生日。据斯科特记录，17 日清早，当奥茨说要到外边去走走，可能要多待一些时间，然后拉开帐篷向暴风雪中走去的时候，没有人去阻拦他。

3 月 21 日，最后三名队员距离"一吨站"还有大约 18 千米，他们已经被另一场暴风雪困在帐篷里整整两天了，燃料和口粮也都消耗殆尽了。斯科特现在的情况最严重，他的右脚坏疽，并且早在 16 日就开始写最后一封信了。威尔逊和鲍尔斯的身体仍然是队中比较健康的，他们打算一起冲到补给站去取回燃料和补给，但恶劣的天气阻止了他们的行动。而且，即使他们能找到"一吨站"，要想返回基地也还需要走 210 千米的路程，或许，斯科特认为，与其在孤注一掷中分别死去，不如死在一块，这样后人更容易找到他们的遗体和记录。可悲的是，如果探险队员能按照最初计划的位置布设“一吨站”，他们或许早就抵达了。三人确切的死亡时间和方式不得而知，但斯科特日记最后一条记录的日期是在3月29日。即使到了最后时刻，斯科特的文学天赋都没有从他的身上离开：

> 如果我们能够活下来，我本来想把我的伙伴们坚忍不拔、勇往直前的事迹讲给大家听。它一定会深深打动每一个英国人的心。如今不得不让这些潦草的日记和我们的遗体来讲述这些事迹了……
>
> 帐篷外……始终是风雪的旋涡。现在，我想我们已不可能再指望情况好转了，但我们会坚持到最后一刻，不过我们已是越来越虚弱了，当然，末日不远了。
>
> 真的很遗憾，但我想我不能再写下去了。
>
> 看在上帝的分上，照顾好我们的家人。
>
> 斯科特

7个月后，人们才发现了他们的遗体。阿特金森和其他10名探险队员得到了“特拉·诺瓦号”的增援，但他们陷入了两难的境地：是去寻找死者，还是去营救坎贝尔的分队？后者已经在南维多利亚地海岸的一个雪洞里度过了第二个冬天，而且没有得到任何救济。然而，事实证明，他们没费多大力气就找到了斯科特，1912年11月12日，从埃文斯角向南行进两周后，探险队员发现了斯科特的帐篷。阿特金森找回了他们的文件、雪橇、地质样本和各种个人物品，然后将帐篷盖在遗体上，并在现场建造了一座巨大的石冢。 112

不过，人们对奥茨的搜寻毫无结果，只找到了他遗弃的睡袋。27日，在无人协助的情况下，坎贝尔和他的手下奇迹般地回到了小屋岬。1913年1月，“特拉·诺瓦号”（现在由康复的泰迪·埃文斯重新担任指挥官）刚一返回这里，人们就在观察山（Observation Hill）上竖立起一个巨大的木制十字架，以 113

救援队发现“极点队”帐篷时的情景。“我们找到了他们，但说这是最最可怕的一天也毫不为过……”谢里－加勒德在 1912 年 11 月 12 日的日记中写道。

斯科特的海豹皮滑雪罩靴，由救援队从帐篷中找到。这双罩靴饱受摧残的状况反映了“极点队”在返回时所经历的恶劣环境。

这个帆布包里面装着斯科特的极地旅行日记。这些日记后来经过编辑出版，并受到了人们的热烈欢迎，从这些日记中，人们可以更加生动、直观地感受到一个英雄的故事是怎样以悲剧而告终的。

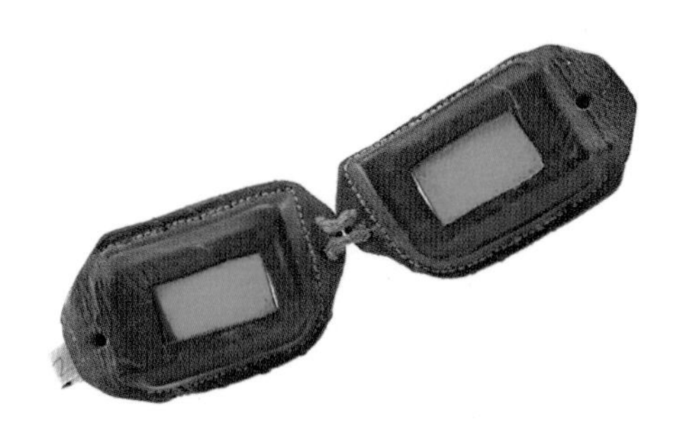

斯科特佩戴的雪地护目镜，是为了抵御太阳光照在雪地上所反射出的强光，因为这种强光会造成雪盲症。救援队从帐篷里找到了这具护目镜并交还给了他的遗孀。

纪念斯科特和他的四名同伴。如今，它依然矗立在那里，上面刻着他们的名字，还有谢里－加勒德从丁尼生（Tennyson）的《尤利西斯》（*Ulysses*）中选摘的诗句："去奋斗，去追寻，去探索，永不屈服。"

第五章

食物与补给 性命攸关

在斯科特和阿蒙森向南极点发起冲刺的那一年，也就是 1911 年，维生素在预防多种疾病方面的作用还没有得到证实，直到一年之后，波兰科学家卡西米尔·冯克（Casimir Funk）才认识到维生素的存在。为避免罹患坏血病，即一种由于饮食中缺乏维生素 C 所引起的疾病，探险家们只能相信 18 世纪英国皇家海军外科医生詹姆斯·林德（James Lind）博士提出的著名建议。1753 年，林德首次证明了柠檬汁具有抵御坏血病的功效，但实际上，到了 19 世纪，在海上得到广泛应用的却是药效较差的酸橙汁。后来的探险家们也大都持与林德不同的观点，他们认为：坏血病并非是由于食物中缺少什么东西而引发的，相反，坏血病可能是由于罐头肉变质后所产生的某些有毒物质所导致的。

2 DOZEN
LARGE TINS
HEINZ
Baked Beans
"WITH TOMATO SAUCE"
H.J. HEINZ Co. PITTSBURGH, U.S

115

在斯科特乘坐“特拉 · 诺瓦号”出航之前，业内关于坏血病和维生素，特别是维生素 B 方面的最新科学信息非常稀少，因此，探险队所采取的预防措施与“发现号”时期没有什么不同，这导致相关问题有增无减。

事实上，与 1901 年的那次探险相比，1911 年再次启程的斯科特并没有做什么特殊安排。首次探险归来后，斯科特总结了自己对于坏血病成因的看法：“几个世纪以来，直到最近，人们都认为坏血病的解药存在于植物酸中。以前的航海家在出海之前都会去寻找山嵛菜，最后，人们开始制作酸橙汁，目前其已经成了在公海上航行船只的法定必需品。之所以采取这项预防措施，背后有

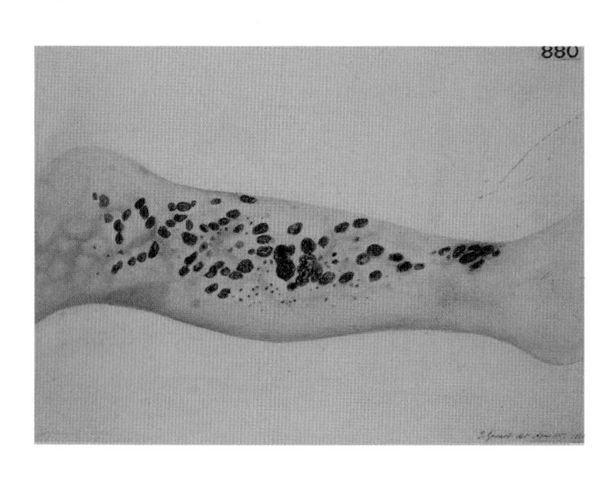

一幅关于坏血病患者腿部的水彩画。患者年龄为 50 岁，病程长达 12 个月。由托马斯 · 戈达尔绘制于 1887 年。

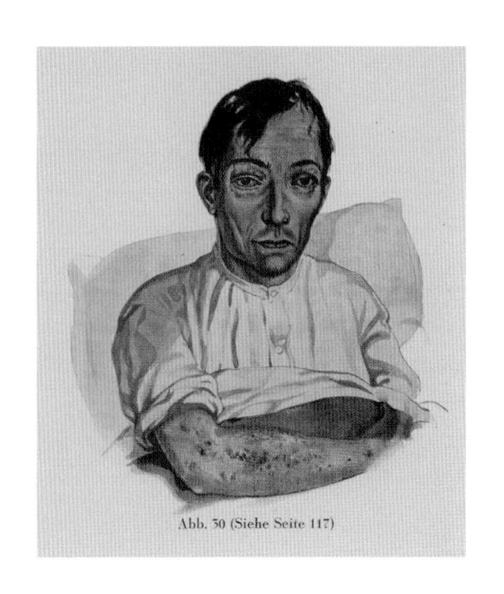

一名患有坏血病的 38 岁男子。插图来自 K.H. 鲍姆盖特纳所著的《病人的相貌》，本书出版于 1929 年。

116 大量相关证据支撑，但由于条件的限制，很难对这些证据进行充分分析。例如，尽管随着酸橙汁的引入，坏血病的发病率在很大程度上减少了——这是一个毋庸置疑的事实，但人们很容易忘记，还有其他原因可能促成了这一结果。因为与此同时，蒸汽动力的运用使海上航行的时间大大缩短了。另外，现在的船东们不得不为他们的船员提供比以前更好的食物……据我了解，现在有人认为坏血病是由食物中毒所导致的，即由腐烂肉类中的细菌或毒素所引发的。简单地说，只要一个人继续吸收这种毒素，他的病情就一定会恶化；当他停止吸收毒素时，身体系统就会排除毒素，病人就会康复。有人指出：坏血病在很大程度上取决于环境，毫无疑问，恶劣或不卫生的生活条件是造成这种疾病肆虐的重要原因。的确，我们从西部探险队暴发的疫情中可以看到这一点，但我认为，这并非是坏血病的主要致病因素。”（引自斯科特所著的《“发现号”航行记》）。

根据斯科特提供的清单，他的“发现号”探险队每人每天的口粮中所包含的营养成分包括：243.8 克蛋白质、127.7 克脂肪和 442.3 克碳水化合物。这相当于每天摄入 3500 卡路里。最初，斯科特列出的每人每天食物携带量（以盎司[①]为单位）如下：饼干，12.0；燕麦片，1.5；干肉饼（腌肉），7.6；红色口粮（豌

① 盎司：1 盎司约为 28.35 克。

豆粉、培根粉），1.1；派乐萌（Plasmon，即一种浓缩肉汤），2.0；豌豆粉，1.5；奶酪，2.0；巧克力，1.1；可可，0.7；糖，3.8。此外，还有少量茶叶、洋葱粉、胡椒粉和盐。由此可见，在这次探险中，斯科特非常重视队员口粮的营养搭配，这是很值得称赞的。为慎重起见，斯科特将自己每天1千克的口粮摄入量与一些早期极地探险家进行了对比，例如：麦克林托克（1.19千克）、内尔斯（1.13千克）和帕里（0.57千克）。斯科特注意到帕里探险队利用雪橇搬运物资的时间过短，因此他指出，这支探险队一定会挨饿。在搭乘“特拉·诺瓦号”前往南极之后，斯科特麾下的3名探险队员于1911年进行了一场“隆冬之旅”，他们在罗斯岛远端的克罗泽角获取了帝企鹅蛋，从而得到了对新食材进行测试的契机。研究人员为爱德华·威尔逊博士、阿普斯利·谢里－加勒德和鲍尔斯准备了三种不同的膳食，以探寻脂肪、蛋白质和碳水化合物的最佳搭配。然而，由于条件变得愈加恶劣，探险队不得不中止了这些颇具雄心壮志的科学研究。威尔逊写道：“1911年7月6日，谢里正在利用大量食用饼干以维持生存的试验，他觉得很饿，如果不是身处试验中的话，他更想吃一些脂肪、黄油或者干肉饼。于是他把每天食用饼干的数量增加到12块，并发现这在一定程度上消除了他对更多食物种类，尤其是脂肪的渴望。但他偶尔会有烧心的感觉，而且肯定比我和鲍尔斯更怕冷，他手、脚和脸上的冻伤也比我们多。我的试验项目是每天吃8盎司的黄油，但我从来没达到过这一量值。我每天最多只能吃到2—3盎司黄油。鲍尔斯也发现，他午餐时只能吃有限的干肉饼，根本无法达到试验要求的量值。所以，昨天，也就是试验进行两周后，我们决定，我和谢里要改变一下膳食结构，他每天吃4盎司我的黄油，我吃两块他的饼干（也就是4盎司饼干）。”

1911年8月18日，当斯科特的团队继续留在埃文斯角为前往极点做准备时，队内的海军外科医生爱德华·阿特金森（Edward Atkinson）博士给大家做了一个讲座，斯科特对讲座进行了总结：“阿特金森昨晚讲了坏血病，他说得很清楚，也很慢，但对这个病的描述却很不精确。他简要地介绍了海员们罹患坏血病的历史和长期以来海军针对这种疾病的治疗方法。阿特金森详细地描述了坏血病的诸多症状，包括：精神抑郁、虚弱、晕厥、瘀斑、青紫斑、海

117 118

“特拉·诺瓦号”探险队队员一天的口粮。由于在高海拔地区需要消耗更多的热量，斯科特将人员口粮分成了标准口粮和高原口粮。照片由赫伯特·庞廷拍摄于 1912 年。

绵状牙龈、皮肤破损、肿胀，并以此类推到更加糟糕的状况。随后，他介绍了现有关于坏血病的一些理论，并探讨了依据这些理论所采取的预防和治疗措施。阿尔默斯·赖特爵士（Sir Almorth Wright）运用当时最新的科技发现坏血病病人的血液酸度会增加，也就是说发生了酸中毒的状况，或许这已经抓住了问题的实质……然而，到目前为止，就实际诊断而言，这一发现于事无补，也就是说，既无法令我们更接近病因，也无法让我们采取更有效的预防或治疗措施。实际上，我们还是跟以前一样，对坏血病束手无策。随后，阿特金森话锋一转，开始从更加实际的角度来诠释这一疾病。简而言之，他认为受污染的食物是坏血病的首要致病原因，但次要原因，或者说是促成因素，包括潮湿、寒冷、过度劳累、空气不好、光线不好等，都可能导致这种疾病继续发展。不过，这些也是造成其他健康问题的常见因素。目前，我们采取的坏血病预防措施仅仅是改善这些条件。从饮食上讲，摄入新鲜蔬菜是治疗坏血病的最佳方法。阿特金森对鲜肉持怀疑态度，但承认在极地气候下只能试试。而酸橙汁只有经常喝才有用。他轻描淡写地讨论了各种蔬菜对于防治坏血病的价值，此外，他还怀疑那些富含磷酸盐的蔬菜（例如扁豆）是否具有药用价值……像往常一样，阿特金森讲座的内容极为靠谱和实用。他对鲜肉在极地地区所具有的较高价值进行了强调。以前，我们觉得坏血病是距离自己很遥远的疾病，然而，在跟随‘发现号’进行探险之后，我们已经领悟到未雨绸缪、防微杜渐的重要性。因此，可以说，今晚我们过得很充实。可以肯定的是，我们在这里不会患上坏血病，但我们无法预测，在未来前往南极点的旅途中是否仍然不会患上这种疾病。我们所能做的就是尽一切可能采取最佳的预防措施。”（引自 1913 年出版的《斯科特的最后一次探险》第 2 卷，作者为 L. 赫胥黎）

119

1911 年，在最后一支支援分队离开之前，斯科特决定临时更改南极点探险队的人数，从 4 人增加到 5 人，为了维持这多出来的队员的生存，就需要把泰迪 · 埃文斯雪橇上的部分补给品搬运到斯科特的雪橇上。当时，他们只能采取人力搬运物资的方式，这无疑会将他们的身体置于更大的压力之下，并会对维生素水平产生不利影响。或许，斯科特应该遵循美国北极探险家罗伯特 · 埃德温 · 皮尔里（Robert Edwin Peary）于 1890 年提出的建议，即在绝对必要的人数之外，每增加一个人，都会令遇险和失败的可能性陡然增大。

沙克尔顿探险队于 1907—1909 年远征南极期间所携带的饼干，由亨特利和帕尔默公司生产。该公司还为探险队提供了很多罐装和瓶装的水果和果酱以及奶粉、黄油、奶酪和腌制的蔬菜，沙克尔顿希望它们能够有效预防坏血病。

一位探险队员正在享用一罐亨氏茄汁焗豆。在南极探险途中拍摄一些商品广告是吸引赞助的一项重要途径。照片由赫伯特·庞廷拍摄于1912年1月。

然而，在短时间内，一切都显得很美好。仅仅三天后，为庆祝圣诞节，探险队举行了盛大的晚宴，斯科特写道：“队员们在宴会上都吃得狼吞虎咽，我必须把我们昨晚的晚餐记下来。我们有四道大菜。第一道菜是干肉饼，上面盖着厚厚一层马肉片，这些马肉片用洋葱和咖喱粉进行调味，再用饼干增稠。第二道菜是一碗用葛根粉、可可粉和饼干加糖做成的浓汤（或乱炖）。第三道菜是一个李子布丁。最后还有用可可粉加葡萄干，以及焦糖和姜做成的甜点。宴会结束后，探险队员们都撑得走不动了，威尔逊和我甚至连一盘李子布丁都没能吃完。我们都睡得很香，感觉身体很暖和。这就是吃饱喝足的功效。”（引自《斯科特的最后一次探险》第2卷）

120

然而，这群人到达极点时已经筋疲力尽，而且，由于发现阿蒙森比他们先到一步，他们的士气遭受了沉重的打击。1月19日，探险队返程。很快，他们就因为恶劣的天气而裹足不前、精疲力竭。由于无法找到事先布设的补给点，他们携带的食物很快就耗尽了，即便不断降低配给量也无济于事。到了2月14日，斯科特写道：“我们无法回避一个事实，那就是我们已经没有足够的体力拉雪橇了。或许，出现这种情况我们都有责任。威尔逊还在为他的伤腿伤脑筋，他也不太相信自己的滑雪技术，但情况最糟糕的是埃文斯，他让我们感到非常焦虑。今天早上，埃文斯突然发现自己的脚上长出一个巨大的水泡。这拖慢了我们的行进速度，因为他不得不重新调整自己的装备。有时我担心埃文斯的情况会越来越糟，但我相信，如果我们能一直像今天下午那样稳定地滑雪前进，他是能恢复过来的。他很饿，威尔逊也是。但我们不能冒险加餐，作为'厨师'，目前我只能完全采取配给制度。我们露营的准备工作变得愈加松弛和缓慢，各种小延误不断出现。今晚，我已经向队员们谈到了这个问题，希望情况能有所改善。我们的时间所剩无几了，必须得尽快赶路。下一个补给点在 30 英里之外，而我们的食物只能维持大约 3 天。"（引自《斯科特的最后一次探险》第 2 卷）

随后发生了两起可怕的死亡事件。首先是埃文斯军士的死，他是个大个子，经常抱怨说自己得到的口粮和其他人一样多，因而无法满足身体的需要。事后回想起来，可以说埃文斯军士的话是有根据的。但斯科特公开指出，由于埃文斯军士曾经历了数次摔倒，其中某次所造成的脑震荡才是他身体和精神崩溃的罪魁祸首。直到 3 月 5 日，探险队仍有很长的路要走，但由于风向有利，当天他们走了 14.5 千米。但斯科特知道大事不妙："很遗憾，情况越来越糟糕了。昨天下午刮起了大风，好在风向对我们是有利的。昨天早上我们只走了可怜的 3.5 英里，多亏有了大风的帮助，我们才把今天的行走距离提升至 9 英里多一些，但依然花了我们整整 5 个小时的时间。我们都喝了一杯可可，吃了一块凉透了的干肉饼，然后上床睡觉。不用说，每位队员的身体状况都不是很好，但奥茨的问题最严重，他的脚状况十分糟糕。昨晚，奥茨有一只脚肿得厉害，今天早上他走路十分困难。开始新的行军之前，我们喝了一些茶，吃了一些干肉饼（昨晚也是同样的食物），我们假装很喜欢吃干肉饼，每个人都吃得津津有味。"（引自《斯科特的最后一次探险》第 1 卷，作者为 L. 赫胥黎）

121

不出斯科特所料，很快，奥茨的身体就垮了下来，尤其是他的脚迅速恶化，但当奥茨于 3 月 17 日走出帐篷迎接死亡时，其他三人也正在以各种方式遭受痛苦，尤其是威尔逊医生。3 月 21 日星期三，他们被一场零度以下的暴风雪所阻挡，从此再也没有离开帐篷。

上文曾引用了斯科特的最后一篇日记，但鲜为人知的是，斯科特还给公众留下了一封信，其中解释了他的团队全军覆没的真正原因：

> 1.1911 年 3 月，主要畜力——矮马的损失迫使我们比原计划更晚出发，也迫使我们缩小了设立补给点的范围。
>
> 2. 在我们前往南极点的旅程中，天气一直很恶劣，尤其是南纬 83 度的大风，迫使我们停下了脚步。
>
> 3. 沿冰川向下走的时候，积雪过于松软，这进一步拖慢了我们的行进速度。
>
> （引自《斯科特的最后一次探险》第 1 卷）

斯科特还补充说，他认为探险队携带了充足的食物，而且补给点的位置也很合适。

对于斯科特的经历，以及他的南极点探险队在返回时未能幸免于难的原因，后人进行过很多分析。最终，人们认为：斯科特团队最薄弱的一个环节恰恰是膳食和营养。这一失误并不完全是斯科特的责任，因为当时人的知识水平很有限，还无法制订一份合理的膳食方案。尽管如此，由于斯科特计划不周，探险队员们都出现了明显营养不良的症状，尤其是埃文斯，人们怀疑他已经患上了坏血病。阿普斯利・谢里－加勒德在《世界最险恶之旅》一书中对“特拉・诺瓦号”的探险经历进行了戏剧化的描述，他写道：“我一直对天气条件不良导致这场悲剧的说法表示怀疑。”谢里－加勒德继续指出，在 1922 年，他写这本书的时候，以“事后诸葛亮”的角度来看，斯科特的队员们显然没有摄入足够的卡路里，“当然，如果以下假设的事情发生，结局或许会有所不同：如果斯科特能一直带着雪橇犬并成功地把它们带到比尔德莫尔冰川的话；如果他没有在布设补给点的路上失去那些矮马；如果没有带着雪橇犬走那么远，只要按原计划布设‘一吨’补给站；如果探险队能提前在大冰障的补给点内部设一匹矮马和一些额外的燃料；如果斯科特能率领一支四人小组而非五人小组前

修复后的南极小屋。斯科特于 1910 年远征时使用过这个小屋，图中为储存的物资。上面的商标在 100 年后依然可以辨识。在参观时，对这些品牌倍感熟悉的新游客们会被它们牢牢地吸引住。

往极点；如果我违背了斯科特的指示，前往‘一吨’补给站，必要时杀死雪橇犬作为补给；甚至如果我只是向南走了几英里，在某个石冢竖立一面旗帜并在下面留下一些食物和燃料；如果他们先于阿蒙森抵达极点；如果他们没有在那个季节进行探险……”（引自阿普斯利 · 谢里 – 加勒德所著的《世界最险恶之旅》）

事实上，当斯科特一行人在向南极点进发的时候，谢里 – 加勒德和驯犬师德米特里 · 格罗夫曾试图带着雪橇犬前往“一吨”补给站并对斯科特进行救援，但这项行动最终未能成功，这给谢里 – 加勒德留下了深刻的印象。

123

斯科特曾经留下命令，不要过度使用雪橇犬。此外，由于运力不足和天气状况不佳，探险队也没有在“一吨”补给点预留狗粮。因此，在等待几天无果之后，谢里 – 加勒德和格罗夫就自行返回了小屋岬。很多人相信，在谢里 –

加勒德的余生中，一直对当时发生的事情耿耿于怀，即如果他能从“一吨”补给站出发，向南行进一段距离，并根据需要杀死雪橇犬，他就能救出斯科特，尽管这将违背斯科特最初的命令。

事实上，不仅斯科特的南极点探险队在恶劣的营养条件下失去了生命，最后一支支援分队在返回时也同样遭遇了坏血病和其他严重的健康问题。看一眼斯科特探险队的食谱，今天的人会觉得平平无奇，与当时各国探险队的食物相比也没有什么两样，探究这些食物的营养成分也存在一些困难。不过，本书还是尽力就斯科特探险队的饮食与其他探险队进行了对比（见本书第 139 页）。由于当时条件所限，没有人能对膳食成分做定量分析，因此表中的数据均为估算，但即便如此，也已经能清晰地反映斯科特探险队异常糟糕的营养状况了。由于当时人们对维生素一无所知，这种状况在很大程度上是不可避免的，但只要事先做好规划，还是能解决卡路里摄入不足的问题的。还有一种可能是，变质食物所发生的化学反应大大降低了它们本身所具有的营养价值。例如，斯科特探险队所携带的饼干成分表显示，这些饼干含有碳酸氢钠。这并不奇怪，但一旦对这些饼干进行烘焙，可能会破坏饼干自身含有的维生素，尤其是维生素 B_1 可能会损失殆尽。因为饼干是探险队员获取维生素 B_1 的重要来源，所以对其造成破坏可能会带来严重问题，早期主要表现为末稍神经炎，肢体麻木感觉异常，后期可能会导致瘫痪。

与斯科特的英国探险队相比，由阿蒙森率领的挪威探险队在计划、执行和结果方面都有很大的不同。阿蒙森事先对沙克尔顿“猎人号”探险队的经历进行了分析，他得出的结论是：沿途必须要布设更大的补给点。阿蒙森认为新鲜的、未煮熟的肉可以防止坏血病，这一观点非常关键。然而，为了在长途跋涉中持续获得能量，他仍然需要为自己的队伍准备一些干肉饼。

在准备食物方面，阿蒙森探险队遭遇了一些挫折（但从结果看反而是幸运的）：芝加哥的食品制造商阿莫尔（Armour）公司以为阿蒙森要按照他的公开计划前往北极，由于曾经支持过皮尔里的北极探险行动（1908—1909 年），阿莫尔公司认为没有必要再多此一举了，因而没有履行为阿蒙森免费提供干肉饼的承诺。阿蒙森从对极地生活的研究中了解到：富含糖分的食物可能会给某些在前往南极点的旅程中，阿蒙森一行人携带了许多干肉饼（加有猪油的肉干）罐头，右图为其中之一，可见其经过精心的锡焊。与之前几次探险不同的是，阿蒙森特意向干肉饼中加入了燕麦和蔬菜，改善了前者的味道。阿蒙森还声称，这将使干肉饼更容易被人体吸收。

人带来健康问题，包括胃病、便秘和腹泻等，而这些健康问题都会给极地旅行带来极大的困难。因此，他让人准备了特制的干肉饼——先是在其中加入蔬菜，后来又加入燕麦片以增加膳食纤维。

1911 年 1 月 27 日，挪威探险队在鲸鱼湾设立大本营“弗雷门海姆”，随后宰杀了 200 只海豹和相同数量的企鹅并冷冻起来，以补充食物储备。基地每天提供两餐，分别是午餐和晚餐，均以新鲜或冷冻的海豹肉作为主菜。此外，探险队员还得到了富含维生素的云莓果酱。阿蒙森要求厨师不要把海豹肉完全煮熟，这样可以保留更多维生素 C。在随后的整个冬季，挪威人的体内储存了大量维生素 C、维生素 D，以及或许是最重要的维生素 B 族。他们吃的是添加了小麦胚芽的全麦面包和用新鲜酵母发酵的面包（后来人们才知道这些食物都富含维生素 B）。另外，阿蒙森探险队在向南行进并沿途布设补给点的时候，不仅选择的地理间隔都十分合理，物资（尤其是食物）供应也十分充足，其最后一座主要补给点位于南纬 82 度线上，距离南极点非常近，仅有 676 千米。

阿蒙森极为重视挪威传统饮食的价值，他在雪橇上搭载的物资就体现了这一点，他曾经讲道：“我一贯认为，没有必要把整个‘杂货铺’都塞到雪橇上，食物应该尽可能简单而富有营养，这就足够了。丰富多样的菜单是为那些闲人准备的。除了干肉饼，我们还有饼干、奶粉和巧克力……对我们来说，奶粉是一种新商品，但我认为它值得推广。这些奶粉来自耶德伦（Jaederen）地区的工厂。我们通常将它们分装在大量薄麻布袋里，在各种可能的天气条件下，无论是炎热还是冰冷，是干燥还是潮湿，它们都不会变质……此外，在往返南极点的旅程中，我们的雪橇上还携带了多种商品的样品，这些样品是由众多供应商提供的，为了感谢他们对我们的友好赞助，我们对这些商品进行了逐一测试。”（引自阿蒙森所著的《南极探险记》（*The South Pole*）第1卷）实际上，阿蒙森在准备食物时异常谨慎，甚至在探险结束后，挪威人手中还有多余的极地食品，他们将其当成纪念品带回了温带地区。

10月20日，挪威人离开弗雷门海姆前往南极点，由于在最后时刻，探险队的人数从8人下降到了5人，他们提前布设的补给点的安全余地进一步增大了。尽管阿蒙森希望能在1月31日之前就返回弗雷门海姆，但直到此时，当阿蒙森一行人抵达南纬82度线，并布设最后一个补给点后，其携带的物资还足够他们使用整整100天，也就是说能一直使用到2月6日。而且，这一估算值还不包括布设在82度线的仓库，以及其他那些更北的仓库内所储存的物资，所以即使挪威人在返回时错过了上述所有仓库，其雪橇上搭载的物资仍然可以支撑他们继续行走一周之久，这足以供他们返回基地了。此外，这支队伍在前往极点的途中还宰杀了多余的雪橇犬，以喂养其他雪橇犬，甚至作为探险队员自己的食物，他们还将部分狗肉和小型物资存放在更多的小型补给点内，以备他们返回时取用。在向南极点进发的旅途中，挪威人甚至对吃狗肉津津乐道：“当我们到达（阿克塞尔·海伯格冰川）顶部时，一想到能吃上新鲜的狗肉饼，我们都禁不住口水直流。随着时间的推移，我们已经对即将进行的、宰杀雪橇犬的举措习以为常了，这种事情若发生在其他场合，我们都会觉得很可怕，但现在我们已经把它当成日常生活的一部分了。”（引自阿蒙森所著的《南极探险记》第2卷）

在补充食物时，阿蒙森探险队采用了一种可以简单计算食品数目而不用具体称量其重量的方式。“像往常一样，我们将干肉饼和巧克力等分成很多小块，这样就可以轻松掌握每块的重量了，其中，干肉饼每块为0.5千克。此外，我们还将奶粉分装在10.5盎司的袋子里，每袋刚好够吃一顿。我们的饼干也具

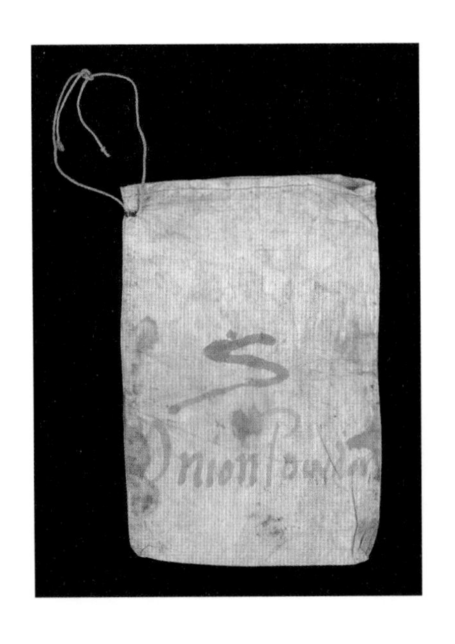

与斯科特、鲍尔斯和威尔逊的遗体一同被人发现的一个配给袋。内有洋葱粉，用作给日常主食干肉饼增添一点滋味。

有同样的特性，可以通过计算数目来统计它们的重量，但这项工作太乏味了，因为它们被分成太小块了。这一次，我们被迫清点了整整 6000 块饼干。我们的主要口粮就只有这四种食物，但事实证明，这种搭配是合理的。我们并没有携带很多高糖分、高脂肪的食物，尽管在这样艰苦的旅程中，队员们普遍渴望这两种食物。值得一提的是，我们的饼干中掺杂了大量优良食材，包括燕麦片、糖和奶粉、糖果、果酱、水果、奶酪，等等，这些都是我们专门储存在弗雷门海姆的。”（引自阿蒙森所著的《南极探险记》第 2 卷）

127

从极点返回南纬 82 度的补给点时，挪威人美美地吃了一顿大餐，其主菜为干肉饼和海豹肉排，还有饭后甜点——巧克力布丁。在前往南极点的途中，有 3 条雪橇犬死去，挪威人不得不又杀了 1 条，使队中雪橇犬的总数减少到 13 条。吃了死去同伴的肉之后，幸存下来的雪橇犬都重新恢复了体力，精神抖擞。随后，挪威人还给这些狗提供了双份的干肉饼、海豹肉、饼干，甚至还有巧克力。随后，阿蒙森一行人返回了位于南纬 80 度的大补给站，他们认为这座补给站是自己的“家”，并决定保持原状，不取用里面的物资，因为这座补给站很大，物资仍保持充足，而且标记醒目，所以日后可能会发挥更大

一张斯科特探险队雪橇分队队员的摆拍照片。由于帐篷空间十分狭小，几乎摆不下任何东西，队员们只能在帐篷外生火做饭，但炊具散发的热量能令人暖和一些，因而总是受到队员们的喜爱。照片由赫伯特·庞廷拍摄于 1911 年 2 月。

作用。1 月 25 日，按照原计划，挪威人带着十几条雪橇犬回到了弗雷门海姆，人和狗都很健康。

关于阿蒙森和斯科特的探险经历留下了诸多记述，其中都或明或暗地将两支队伍成败的原因归结于饮食方面的差异。其中，阿蒙森探险队没有错过任何补给点，还宰杀了不少雪橇犬，因此从来没有出现过食物匮乏、营养不良的状况。而众所周知，斯科特、威尔逊和鲍尔斯临死的时候，食物已经消耗殆尽了，人们从他们遇难的帐篷里面只找到了一袋米和两块饼干。以往，对于斯科特一行遇难的原因，人们往往归咎于恶劣的天气，以及他们进行科学观察和标本采集所浪费的宝贵时间，反而忽略了斯科特和阿蒙森探险队在食物数量和质量方面存在的重大差异，尤其是考虑到前者主要依靠人力而非雪橇犬来拖曳沉重的雪橇。我们知道，这背后是一个关键的科学原理，即食物的代谢和能量的产生需要依赖维生素和一些微量金属离子的催化作用，而这些重要催化剂能否在人的体内存续，则取决于先前和现在的摄入水平，以及能量消耗的状况。对这些知识的应用，以及关于极地探险中热量和营养摄入的其他科学发现，促进了 20 世纪两次世界大战食物配给制度的产生和发展，也为现代太空探索和极地探险中营养计划的制订做出了重要贡献。

附：各探险队雪橇分队的饮食状况（平均每天）

130

	阿蒙森 “弗拉姆号”探险队，1910—1912 年 （狗拉雪橇） 重量（克）/ 千卡	斯科特 “发现号”探险队，1901—1904 年[1] （人力拉雪橇） 重量（克）/ 千卡	斯科特 “特拉·诺瓦号”探险队，1910—1913 年 （登上极地高原后采用人力拉雪橇的方式） 重量（克）/ 千卡	“极地 2000 探险队”[2] 英国皇家海军陆战队北极探险队 （人力拖曳：重量为 113.4 千克的雪橇） 重量（克）/ 千卡
早餐	燕麦片（掺杂饼干和干肉饼）	可可 20/ 约 45	可可 约 30/73（与茶 / 咖啡共饮）	巧克力饮料 （干重）60/228 燕麦片 （干重）90/370 苹果片 约 50/320 一瓶半能量饮料约 300/194
间食	饼干[3] 巧克力 糖（与饼干掺杂在一起） 奶粉	饼干 340/ 约 1300 巧克力 31/ 约 160 糖 108/430 奶酪 57/ 约 450	8 块饼干[4] 大约 450/1728（涂抹巧克力） 糖 85/336 奶油芝士 65/452（配合牛奶食用）	6 块饼干 55/332 巧克力葡萄干约 100/400 蛋白质饮料 约 50/189 能量饮料 200/194

续表

主餐	干肉饼（与蔬菜掺杂在一起）	干肉饼 215/ 约 1000 派乐萌（一种浓缩肉汤） 57/ 大约 150 豌豆粉 43/ 约 130 左右[5]	保维尔（Bovril）公司生产的干肉饼 430/2004 （配合咖喱粉食用） （由布兰德公司生产的牛肉精） （大米，救援队从斯科特一行人遇难的帐篷中发现一个较大的和两个较小的米袋，但都是空的）	碳水化合物—— 2 包意大利面 约 350/700 2 听印式桶装鸡肉 约 350/700 牛肉炖土豆 约 350/700 [注意：如果上述三种食物都是干货的话（且每种食物的重量仍然相等），那么其每份的重量将增加到约 450 克]
糕点	含有燕麦片、糖和奶粉的饼干 特别准备的干肉饼，先后加入了蔬菜和燕麦片	其他：红色口粮 31/ 未知 斯科特将其描述为培根和豌豆粉的混合物。 （内含茶叶、洋葱粉、胡椒粉和盐）		2 个巧克力布丁 约 150/459 奶油苹果冻约 100/350 苹果饭大约 100/304 桃子和菠萝约 200/300
总数	“我们的主要口粮就只有这四种食物，但事实证明，这种搭配是合理的。我们并没有携带很多高糖分、高脂肪的食物，尽管在这样艰苦的旅程中，队员们普遍渴望这两种食物。”（阿蒙森记述道）	约 3750 千卡	约 4593 千卡 （而满足体力消耗所需的最低热量为 6000 千卡。每人每天摄入的热量等于或低于 5000 千卡的话，会导致饥饿、疲惫，甚至最终演变为坏血病。）	6600 千卡（是正常情况下英国男性平均日摄入量的 2.5—3 倍）

续表

食物中各类营养成分的重量和所占比例	“弗拉姆号”探险队没有关于食物中各类营养成分的重量和所占比例的信息	蛋白质 224 克 /24% 脂肪 124 克 /12% 碳水化合物 442 克 /44% 其他 190 克 /19%	蛋白质 257 克 /24% 脂肪 210 克 /19% 碳水化合物 417 克 /39% 其他约 200 克 /19%	蛋白质 280 克 /10% 脂肪 260 克 /9% 碳水化合物 870 克 /31% 其他 1390 克 /50%
		总重量	总重量	总重量
		约 1000 克	约 1080 克	约 2800 克 注意：对于“极地 2000 探险队”而言，由于食物大部分由粉末 / 脱水食材所制成，因此食物总重量实际上要更高

注：

1. 为慎重起见，斯科特将自己每天 1 千克的口粮摄入量与一些早期极地探险家进行了对比，例如：麦克林托克（1.19 千克）、内尔斯（1.13 千克）和帕里（0.57 千克）。斯科特注意到帕里探险队利用雪橇搬运物资的时间过短，因此他指出，这支探险队一定会挨饿。

2.“极地 2000”探险队指的是 2000 年由英国皇家海军陆战队组建的北极探险队。

3. 午餐：3—4 块干燕麦饼干，仅此而已。如果感到口渴，还可以把雪混在饼干里（阿蒙森记述道）。

4. 斯科特探险队所携带的饼干含有碳酸氢钠。一旦对这些饼干进行烘焙，可能会破坏饼干本身含有的维生素。探险队利用一台普里默斯便携式汽化煤油炉来做饭，但后来由于燃料消耗殆尽，队员们不得不吃一些半生不熟的食物，为了掩盖生肉的味道，他们只能撒上大量咖喱粉。“我们的食物越来越少了……作为‘厨师’，目前我只能完全采取配给制度。”从南极点返回的时候，斯科特于 1912 年 2 月 14 日如是写道。

5. 夏季，斯科特探险队雪橇分队的晚餐是一大碗由干肉饼、奶酪、燕麦片、豌豆粉和培根制成的浓汤。

第六章

伟大的白色寂静——南极探险的影像史

1907 年“猎人号”驶向南极洲时，欧内斯特 · 沙克尔顿（Ernest Shackleton）对所携带的一系列设备进行清点，他将一个新奇的附加设备放在了清单的末尾，并对它可能的用途进行了解释:“我们还带了一台电影摄像机，以便记录下海豹和企鹅的奇特行为和习性，并且让家里人更直观地了解在冰天雪地中拉雪橇究竟意味着什么。”

133

从以上记述中可见，沙克尔顿对于影像价值的评估是非常谨慎的，这在许多方面都表明，当时人们对于影像所怀有的特殊顾虑，也成为极地探险“英雄时代”相关纪录片的一个重要特征。与之形成鲜明对比的是，仅仅几年后，国王乔治五世在观看了关于斯科特探险队的影片（由赫伯特·庞廷拍摄）后说道：“我希望每个英国男孩都能看到这部影片。应该设法让全国年轻人都知道斯科特探险队的故事，因为它有助于培养人们的冒险精神，而这种精神正是帝国赖以建立的基础。”这表明，国王对于影像所具有的强大力量已经有了深刻认识。上述两人的言论或许代表了当时人们对于南极探险纪录影片的两种态度。一种是觉得这些影片应该尽量拍得轻松一些，能够娱乐大众即可；另一种则声称影片必须要表现出一种崇高的探索精神。实际上，在人们热衷于制作和放映南极探险影片的短暂年代当中，后者才是重中之重。

巧合的是，电影几乎就诞生在极地探险的英雄时代。1896 年，将影像投映在大银幕上的电影开始为公众熟悉，并迅速传遍世界各地。尽管电影主要是作为一种娱乐媒体发展起来的，但在 19 世纪 90 年代，某些小众群体却将它应用在了科学发现上，并充分展现了它的价值。法国外科医生杜瓦扬（Doyen）博士拍摄了他手术的全过程，德国植物学家威廉·普费弗（Wilhelm Pfeffer）利用延时摄影来记录植物的生长，剑桥大学民族学家哈登在他开拓性的托雷斯

134

海峡（Torres Straits）之旅中也携带了一台电影摄像机。据记载，挪威探险家卡斯滕·博克格雷温克（Carsten Borchgrevink）的南极探险队携带了由纽曼和卡蒂亚公司（Newman & Guardia）生产的35毫米摄像机，利用电影胶片来记录极地探险的时代似乎就要来临了。[①]

电影作为一种新媒体，当时正处于起步阶段。尽管博克格雷温克探险队携带的纽曼摄像机以可靠性强而闻名于世，但胶片技术仍在不断发展进步并迅速标准化，赫伯特·庞廷选择的型号就比前者要先进很多。在19世纪90年代，绝大多数电影的长度不超过一分钟，持续性很差，人们认为其只是一种"动画照片"，不具备重要的文献价值。因此，在斯科特1901年率领"发现号"前往南极的时候，没有携带任何电影拍摄设备，但当沙克尔顿于1907年8月启程前往南极时，电影业，尤其是电影放映业，已经有了长足进步。

沙克尔顿于1907—1909年前往南极进行探险时留下了宝贵的影像资料（但遗憾的是，这些影像资料如今已经荡然无存了）。虽然当时拍摄者一直留在大本营，并没有跟随沙克尔顿和他的团队前往南极点，但它仍然是一份重要的记录。实际上，当时为探险队拍摄电影纪录片的任务落到了一个新手身上，他就是埃里克·马歇尔博士，还兼任探险队的外科医生和制图师。他拍摄电影所用的胶片超过1220米，时长达到大约70分钟。在沙克尔顿返回英国后，这些影片曾广泛展出，有时随他的讲座一起播放，有时以《距离南极点最近的地方》（*Nearedst the South Pole*）的片名单独放映。到了1909年，电影的时长大大增加了，更关键是，有更多的地方，以及更合适的地方来放映电影了。在19世纪90年代，电影第一次向公众放映时，还没有电影院。当时的电影是作为剧院综艺节目的一部分，在摄影沙龙或游乐场中放映的。随着电影这种新媒体迅猛发展并逐渐流行，人们开始建造专门为放映电影而设计的特殊礼堂。1909年，在英国，一股建造电影院的热潮开始涌现。沙克尔顿的电影之所以受到热捧，主要是因为他的名气大。不过，他向公众宣传展示这些电影的手段

① 然而，没有任何证据表明该探险队的摄影师路易斯·伯纳奇使用了这台电影摄像机，也没有任何此类影片公开放映的记录。今天，关于博克格雷温克探险队的电影记录仅剩下一个镜头，即资助人、出版商乔治·纽尼斯爵士向他们告别的镜头，这份记录现由一家商业电影公司保存。

1909 年 12 月，几位身穿极地毛皮大衣的男子正在为沙克尔顿的一次幻灯片讲座做广告宣传。沙克尔顿在两个大洲总共进行了至少 123 场关于“猎人号”南极探险的公开演讲。

也较为高超。

对渴望了解周遭世界的观众来说，旅行和探险题材的电影非常具有吸引力。电影会将沙克尔顿前往南极点的惊险事迹搬上大银幕，他们在当地看到广告，便毫不犹豫地走进电影院。因此，沙克尔顿的电影似乎在商业上取得了成功（这一点很快就会成为今后各支南极探险队的一项重要考虑因素），但其作为科学记录的价值可能是微乎其微的。

通过电影，公众见识了海豹和企鹅的奇特行为和习性，也可能对人拉雪橇的过程有了一定程度的了解。但除此之外，马歇尔博士拍摄的影片并没有进一步的文献价值。随后，在两次更为宏大的探险行动中，涌现出了两位专职摄影师，他们的技术和视野大大超越了自己的前辈，两人分别是赫伯特·庞廷 136

（Herbert Ponting）和弗兰克·赫尔利（Frank Hurley）。

赫伯特·庞廷是一位技艺高超的摄影师，即便他没有参加斯科特 1910—1912 年的探险行动，仅凭借其他的摄影作品，他就可以为自己在世界摄影史上赢得一席之地了。更难能可贵的是，庞廷轻而易举地就将自己的高超摄影技术移植到了电影拍摄上。电影历史学家凯文·布朗洛（Kevin Brownlow）曾给予庞廷极高的评价，他说道："赫伯特·庞廷之于探险电影，就如同查尔斯·罗歇（玛丽·碧克馥的摄影师）之于故事片。作为一名摄影师，他的艺术水准无与伦比。"但庞廷从未以此标榜过自己。从庞廷早期的摄影作品中，我们可以领略到他在构图方面的高超技巧，不过，后来长期担任演讲师的经历更为他的作品增添了一份戏剧的色彩。在跟随斯科特团队前往南极进行探险的整个过程中，庞廷并没有被动拍摄影片，而是一直在思考他将如何向家乡的观众去展示这样的场景，并据此去挑选、组合、安排他的拍摄材料。在电影商业化方面，庞廷的想法也十分超前。他与各方拟订了一份协议，将放映电影 40% 的利润分配给探险队，40% 分配给制作和发行电影的公司（高蒙公司），20% 分配给自己。

1910 年，随斯科特探险队远征南极时，赫伯特·庞廷所使用的普雷斯特维奇 35 毫米电影摄像机。他当时拍摄的镜头在 1924 年被用来制作成影片《伟大的白色寂静》（*The Great white Silence*）——这是一部纪念斯科特和他的探险队的纪录片。

庞廷还对电影的放映进行了特殊安排，他考虑到了两个因素，首先，是这次探险的性质；其次，如何才能在长达两年的时间内保持观众对于影片的兴趣。1910 年 11 月，庞廷于新西兰登上了“特拉 · 诺瓦号”，当时他随身携带一台普雷斯特维奇（Prestwich）和一台纽曼 · 辛克莱（Newman-Sinclair）电影摄像机。此前，纽曼电影摄像机的制造商亚瑟 · 纽曼（Arthur Newman）曾对庞廷进行过详细的指导，并添加了特殊的橡胶配件，以防止庞廷的手指与摄像机冻结在一起。庞廷一共拍摄了长达 4572 米长的底片，其中 2438 米是他在 1911 年 1 月之前（也就是“特拉 · 诺瓦号”从南极返回新西兰之前）在现场拍摄和冲洗的。这部电影被送到英国，并由高蒙公司剪辑成 610 米的公映影片，其时长约为 30 分钟，影片名为《与皇家海军斯科特船长一同前往南极》（*With Captain Scott, R.N. to the Soath Pole*）。1911 年 11 月，这部影片首次公开放映。

137

庞廷的第二部影片仍然由高蒙公司发行，其名称与前作相同，但增加了“第二系列”的后缀，新作共分为两部，每部底片长度为 457 米，分别于 1912 年 9 月和 10 月首次公开放映。这两部影片向观众展示了“极点队”的最后一段历程，包括队员拖雪橇的镜头和他们在帐篷内的生活。当然，这个时候，斯科特和他最后四名同伴都已经遇难了，他们的遗体直到 1912 年 11 月才被人发现。不过，随着阿蒙森赢得南极点争夺战的消息传回本土，显而易见的是，新电影的商业吸引力被大大削弱了。随后，庞廷开始致力于宣传斯科特的传奇故事，为了收回投资，他于 1914 年以 5000 英镑的价格从高蒙公司手中购买了这部电影的版权。在观众兴趣不断减退的背景下，庞廷致力于对斯科特等人的事迹进行宣传，他晚年感到十分苦闷，很大程度上来源于公众对于这些故事不够敬畏。因此，庞廷逐步用自己的语言重新整合了整个故事，并将斯科特的悲剧演绎成了一个神话。

这部电影上映的形式十分灵活多样，简直令人眼花缭乱。最初，它以三部短片的形式发行，每部约 30 分钟。1913 年，在斯科特的死讯公之于众后，这些作品被重新剪辑并在美国发行，片名为《斯科特船长的不朽故事》（*The Undying Story of Coptain Scott*）。随后，庞廷不断配合电影四处演讲，他甚至

138

一张用于宣传 1911—1912 年上映的纪录电影的明信片，其融入了由庞廷拍摄的原始镜头，值得一提的是这部电影在斯科特和他的同伴遇难的消息公之于众之前就已经上映了。

在 1914 年 5 月举行了一次“御前献映”（乔治五世亲自观看影片并留下了上文所述的评论）。紧接着，在第一次世界大战期间，庞廷都在四处奔走，试图唤起民众的爱国主义情绪和牺牲精神，但此时，他的观众已经日渐稀少了。1924 年，庞廷再次将这些影片重新剪辑成长篇纪录片《伟大的白色寂静》（*The Great White Silence*），这可以看作是他于 1921 年出版的《伟大的白色南方》（*The Great White South*）一书的续作。这一版本的纪录片，至今仍然保存完好（而 1911—1912 年发行的原版已经遗失了），其胶片长度为 2225 米，时长大约为两个小时，由新时代（New Era）公司发行。《伟大的白色寂静》上映后，赢来一片赞美之声，观众对探险队克服困难所付出的努力赞叹不已，并且对队员们的爱国主义情怀以及对南极生物所进行的巧妙研究表示赞扬。但也有人指出，影片的最后一幕有点过于依赖静态图片、图表和字幕了。而且，斯科特的冒险已经是另一个时代的故事了，这部电影并没有取得显著的一只名为“庞克”的玩具企鹅，名字来自庞廷在斯科特探险队内的昵称。这种玩具企鹅是庞廷根据自己对阿德利企鹅的研究和相关照片而设计，为了对电影《伟大的白色寂静》进行宣传而制作的，这也是电影周边产品的最早实例之一。

成功。

庞廷后来试图把他的电影卖给国家，但未能成功，由于当时英国还没有一个专门的电影存档机构，因此无法保存这些胶片。1933 年，庞廷制作了一部名为《南纬 90 度》（*90° South*）的有声电影，由新时代公司发行，时长为 75 分钟。庞廷亲自为这部电影提供配音讲解，由于多年来从事这项工作，他的讲解功力已经炉火纯青，语言精练而简洁，这在影片中表现得淋漓尽致。《南纬 90 度》获得了非常多的好评，因为评论家们已经意识到这部纪录片所具有的极高艺术价值，他们对庞廷的解说技巧进行了恰如其分的赞美。但是，庞廷拍摄的影片以及任何一部极地探险电影都有一个共同的问题，那就是如何吸引那些只想在虚构的故事中逃避现实的观众。要想让公众为一部电影买票，仅仅诉诸爱国主义是远远不够的。庞廷是一个伟大的电影制作人，但他对自己拍摄的影片过度自信，并且投入了过多精力和太多资金，花了太长时间。不过，《南纬 90 度》的两个版本——1924 年版（默片）和 1933 年版（有声片）得以保存至今，随着时间的推移，这部电影的地位越来越高，甚至成为早期电影纪录片的代表作之一。

另一位致力于拍摄南极探险纪录电影的伟大摄影师是弗兰克·赫尔

赫尔利与他的装备——照相机和电影摄像机的合影。由于庞廷和赫尔利所携带的摄影设备又大又重，限制了两人的活动范围。不过，他们拍摄的照片和电影还是为众多观众打开了一扇了解南极的窗户。照片由未知摄影师拍摄于 1915 年 1 月。

利。赫尔利是一名澳大利亚人，作为一位极富创意和个人风格浓厚的明信片摄影师，他在澳洲早已经声名鹊起，当时，赫尔利说服了道格拉斯 · 莫森（Douglas Mawson），让自己加入后者于 1911 年组织的第一支南极探险队，并担任队中的摄影师和摄像师。这支探险队于 1912 年 1 月在联邦湾（Commonwealth Bay）登陆，最终分成了两队。其中，赫尔利与鲍勃 · 贝奇（Bob Bage）和埃里克 · 韦布（Eric Webb）分为一队，他们打算对南磁极的位置进行定位，莫森则与贝尔格雷夫 · 尼尼斯（Belgrave Ninnis）中尉和泽维尔 · 默茨（Xavier Mertz）博士一起向东行进。不久后，尼尼斯因不小心掉入冰裂缝而当场身亡，而默茨可能因为吃了狗肝而导致维生素 A 中毒，最终也不治身亡。

赫尔利发现了南极摄影的诸多优点，例如冰封地貌的奇特色彩、锐利的南极光线和野生动物的奇异举止。但也有许多缺点，包括用冻伤的手指穿胶卷或操作手转式摄像机的痛苦，在冲洗过程中需要融化巨大的冰块，以及需要不断保持设备清洁和工作状态所带来的麻烦。

总之，利用手中的电影摄像机，赫尔利记录下了探险队搭乘“极光号”（Aurora）从霍巴特（Hobart）出发并驶向南方的旅程，还记录了麦夸里岛（Macquarie Island）和丹尼森角（Cape Denison）的野生动物，以及探险队长途跋涉近 965 千米寻找南磁极历经千辛万苦返回的全过程。值得一提的是，在探险中，贝奇和赫尔利都患上了雪盲症，因此赫尔利是在极为困难的情况下完成的拍摄。在莫森、尼尼斯和默茨出发之前，赫尔利曾记录下他们在帐篷中的情景，但后来，赫尔利被迫乘坐“极光号”提前离开，因此他对莫森一行人后来的命运一无所知。事实上，三人当中只有莫森活了下来，但他又被迫在南极冰面上度过了另一个冬天，此时，“极光号”已经回到了澳大利亚（迫于当时的条件，不得不返回基地，而不是去营救莫森）。探险队的财务状况十分糟糕，无法进行第二次航行，也无法营救莫森，好在赫尔利拍摄的电影《南极的生活》（*Life in the Antarctic*）于 1913 年 7 月由韦斯特电影公司迅速发行，更幸运的是，这部影片受到了观众的热烈欢迎，并帮助探险队筹集了大部分资金。当年晚些时候，探险队终于再次启程，并对莫森和他的手下展开救援。后来，根据莫森的探险记录，赫尔利将自己的影片重新命名为《暴风雪之家》（*Home of Blizzard*），其胶片长约 1372 米，时长为 75 分钟。不久后，这部电影在英国上映，从而使赫尔利再次赢得了前往南极进行探险的机会，他很快就加入了由欧内斯特 · 沙克尔顿爵士领导的探险队。

在沙克尔顿的率领下，该探险队于 1914—1916 年前往南极进行探险。为了填补资金的最后一块缺口，沙克尔顿与舰队街（Fleet Street）的一个财团达成了交易，该财团同意为探险队提供资金，但后者必须以新闻报道、摄影和电影放映权作为回报。赫尔利是这笔交易的重要组成部分，因为他拍摄的莫森探险队纪录片和举办的影展给英国公众留下了深刻印象。沙克尔顿的目标是从威德尔海启程，穿过南极点到达罗斯海。然而，在正式开启探险之前，探险船“坚忍号”就被卡在了距离陆地不远的冰层中，沙克尔顿原本计划最后一次前往南极并进行一场伟大的冒险，但这场意外最终令其转变为一场在夹缝中求生存的史诗。赫尔利利用手中的摄像机，尽其所能地拍摄了大量电影片段（当然，在极地的冬天，当黑暗完全降临时，他是无法进行拍摄的），由于船只被困在海冰中，一直处于静态，会令观众感觉乏味，赫尔利特意拍摄了大量探险队雪橇犬的镜头——这必定会受到国内观众的欢迎。此外，他还记录下“坚忍号”濒临死亡时的痛苦挣扎，准确地捕捉到了该舰的桅杆与帆桁断裂和倒塌的瞬间。

141

接下来发生的事情对赫尔利和沙克尔顿都产生了很大影响。当“坚忍号”终于开始沉入冰下时，沙克尔顿下令，除了携带必需的装备和补给品外，所有其他东西都要留在船上，因为他们准备步行出发。沙克尔顿放弃了为探险活动筹集资金的项目——包括赫尔利的所有电影胶片和摄影底片。他是根据当时出现的紧急状况做出这一决定的，事后来看，这绝非明智之举。很快，探险队员们就发现，利用拖曳雪橇和小船继续穿越冰层的尝试是不切实际的。于是，他们在离船很近的地方停下了，赫尔利则决心挽救他的工作成果。赫尔利曾将照相底片和电影胶片密封在罐头里，再放到了探险船的冷库中（现在已经被海水淹没），因此他只能脱下衣服，在货舱内深达近 1 米的“冰粥”下寻找它们。

沙克尔顿对赫尔利的行为表示不满，但赫尔利提醒他，自己是在挽救探险队最大的财源，沙克尔顿只好妥协。他们一起抢救出了 120 个底片，并将其他 400 个底片当场砸碎在冰面上——以此来抵抗带走全部底片的诱惑。随后，由赫尔利随身带着这些幸存的底片、他冲洗过的电影胶片（长度约为 1524 米）、一台袖珍静物相机和三卷未曝光的胶片。他的电影摄像机和其他所有摄影设备都被留在了船上。因此，赫尔利的纪录电影就在“坚忍号”沉没初期的这一时间点宣告结束。此后，探险队在浮冰上漂流了好几个月，乘坐三条船前往象岛（Elephant Island），沙克尔顿则乘船前往南乔治亚岛，并最终营救了他的部下。在这一阶段，赫尔利都只能利用他随身携带的少量袖珍静物相机胶片来进行记录。而且，由于赫尔利一直留在象岛上，他根本无法记录到探险队前往南乔治

庞廷正在对一群贼鸥进行拍摄。将奇特的南极野生动物首次展示给观众是他和赫尔利工作的一项重要组成部分。庞廷将这些鸟形容为“极其吵闹”和“非常好斗”。

亚岛的旅程。

这使得赫尔利最终呈现给观众的纪录电影十分古怪。不过，当赫尔利于1916年11月回到伦敦时，最令支持者们感到担心的是，他没有拍摄南极野生 143 动物的镜头。事实证明，早期极地探险电影——尤其是赫尔利看过并非常欣赏的斯科特探险队纪录电影（由庞廷拍摄），最为吸引观众的部分就是野生动物奇特的生活场景。在第一次世界大战初期，赫尔利作为官方摄影师和电影摄像师在巴勒斯坦战线和西线都出色地完成了任务，赫尔利很快被派回南乔治亚 144 岛，拍摄至关重要的野生动物镜头和其他电影片段，以填补电影叙事中的空白，这些都是不可或缺的组成部分。

在战争结束之前，沙克尔顿决心不利用自己的冒险经历赚钱，因此赫尔利的电影直到1919年12月才向公众放映。与此同时，沙克尔顿的新作《南方》（*South*）出版了，他在伦敦的爱乐音乐厅（Philharmonic Hall）开启了一系列讲座（每天两次），并以赫尔利的电影作为补充，一直持续到 1920 年 5 月。对沙克尔顿而言，每天两次在大屏幕上重温自己计划失败以及座舰沉没的经历，自然是十分痛苦的，但他为了偿还债务，不得不这么做。这部电影同样被命名为《南方》，但它从未在英国的电影院正式公映过，只是后来在其他欧洲国家的影院向公众放映。1920 年，该电影在澳大利亚正式发行，更名为《在极地冰川的夹缝中》（*In the Grip of the Polar Ice*），不久后，这部电影在澳洲进行了全国巡演，赫尔利还为其做了宣传演讲，均取得了巨大成功。这部电影在 1933 年重新发行了有声版本（包括休伯特·威尔金斯在沙克尔顿后来的探险行动中拍摄的附加镜头），名为《"坚忍号"：一场光荣的失败》（*Endurance: The Story of a Glorious Failure*），并由"坚忍号"船长弗兰克·沃斯利（Frank Worsley）提供了颇为庄严的评论。

赫伯特·庞廷和弗兰克·赫尔利两人拍摄的作品在极地纪录片中享有崇高的地位，不仅因为他们讲述了著名探险队的故事，还因为他们在极端条件下拍摄出了高质量的镜头，并由此制作出了极为出色的长篇纪录片。需要特别指出的是，庞廷和赫尔利在拍摄电影的同时还拍摄了大量静态照片，这些品质极佳的照片更为他们的动态镜头增添了光彩。

事实上，从 1898 年博克格雷温克探险队启程到 1921 年沙克尔顿的最后一次航行之间的所谓"南极探险的英雄时代"，还留下了其他影像记录。例如，由阿蒙森率领的挪威探险队击败斯科特率先到达极点的旅程也被记录了下来，只不过这些影像鲜为人知。挪威探险队成员克里斯蒂安·普雷斯特鲁德（Kristian Prestrud）负责在主基地操作电影摄像机，而阿蒙森的兄弟莱诺似乎拍摄了一些探险队抵达南极不久后的镜头。现存影像记录的内容，首先是阿蒙森的座舰"弗拉姆号"向南航行时船上日常生活的场景。随后，"弗拉姆号"开始靠近南极冰架，画面中出现了第一批冰山。最终，拍摄者将镜头对准了鲸鱼湾中的鲸鱼，还有探险队员们在大本营"弗雷门海姆"的生活场景。普雷斯特鲁德自己记录说，他成功拍摄到了阿蒙森率领的极点探险队出发时的场景。而阿蒙森也回忆说，他们一行人在前往极点之前，最后见到的一位同伴就是普雷斯特鲁德，当时他正在操作电影摄像机，其身影逐渐消失在地平线之外。这一场景与庞廷拍摄的镜头十分相似——斯科特和他的团队同样在远处的地平线消失，但再也没有回来。

似乎并没有人将阿蒙森探险队的相关镜头制作成一部完整的纪录片，但可以确定的是，它们曾和庞廷的作品同时在英国展出，因为阿蒙森在 1912 年 11 月的讲座中提到了它们。

1914 年，沙克尔顿率领“猎人号”前往南极进行探险时，将拍摄纪录影片的任务交给了埃里克·马歇尔博士，也就是说将其交给了承担其他任务的队员，而不是像 1910 年的斯科特那样，将拍摄任务交给一位公认的专家，这使得两个纪录电影最终呈现的效果截然不同。1910—1912 年，由白濑矗（Nobu Shirase）率领的日本探险队前往南极的沿海地带进行探险，当时，拍摄纪录电影的任务交给了设备员青木太泉（Yasunao Taizumi）。1912 年，日本人将青木拍摄的镜头剪辑成了纪录电影《日本南极探险》(*Nihon Nankyoku Tanken*)，这部电影可谓是名噪一时，其民族主义的基调（着重强调日本已经在南极大陆留下了自己的印记），以及不厌其烦地对每名探险队员进行个

阿蒙森也意识到需要利用电影和照片来记录他搭乘“弗拉姆号”前往南极进行探险的历程。他曾半开玩笑地回忆说，在动身前往南极点时，“当我们越过山脊顶部时，我看到的最后一样东西……是一台电影摄像机”。

人展示的细节，在当时独树一帜，其他任何极地探险纪录片中都没有类似的元素。

除了上文提到的人物之外，当时唯一一位有能力在南极拍摄电影的摄影师是乔治·休伯特·威尔金斯（George Hubert Wilkins）。威尔金斯也是澳大利亚人，他作为新闻摄影师来到英国，并对1913年爆发的巴尔干战争进行了跟踪拍摄。1913—1916年，威尔金斯加入了维贾尔默·斯蒂芬森（Vilhjalmur Stefansson）率领的北极探险队，1918年，他成为一名正式的战地摄影师，并与弗兰克·赫尔利一起在西线工作。接下来，威尔金斯于1920年跟随仓促组建且业余的科普（Cope）探险队一同前往英属格雷厄姆地进行探险，其当时拍摄的短片《南极：沿着漫长的白色小径一路南行》（*Antarctica: On the Great White Trail South*）保存至今。随后，他又入选了沙克尔顿的新探险队，并于1921年搭乘“探索号”（Quest）前往南极，进行了一场探险。不过，当沙克尔顿在前往南乔治亚岛的旅途中因心脏病发作而身故后，威尔金斯面临着一项不可能完成的任务，即创作一部在第一卷胶片用完之前核心人物就已去世的探险纪录片。最终，他完成的作品名为《搭乘“探索号”一路向南》（*Southwards on the “Quest”*），这部纪录片将重点放在了对南乔治亚岛野生动物生活的考察上面，但其镜头语言显得较为稚嫩，这表明，此时的威尔金斯还未能达到赫尔利或庞廷的水准。

实际上，威尔金斯更像是一位冒险家而非艺术家。后来，他相继进行了人类首次飞越北极和南极的飞行，并因此名声大噪（获得了爵士头衔）。1929年，威尔金斯又成为第一位在空中拍摄南极的人——他后来把这段影像放入自己的新闻短片中。然而，随着沙克尔顿的逝去，南极探险的英雄时代也随之结束了。下面需要着重说一下与沙克尔顿有关的最后一部电影。尽管直到20世纪20年代后期，人们才开始正式制作有声电影，但在更早的时候，就有一些先行者对相关技术进行了探索。1921年，在沙克尔顿踏上最后旅程之前，摄影师亚瑟·金斯顿（Arthur Kingston）曾给他拍摄了一段纪录片。当时，沙克尔顿主要讲述了自己的探险计划，但也提到打算采用格林德尔·马修斯（Grindell Matthews）的有声电影技术拍摄一部新的纪录电影。遗憾的是，这部

146

电影没有被保存下来。

此后人们拍摄的南极探险纪录片延续了由阿蒙森、莫森、斯科特和沙克尔顿奠定的基调。大探险家、海军中校理查德·伊夫林·伯德分别于1926年和1929年驾驶飞机飞越了北极点和南极点，当时，百代（Pathé）电影公司派出新闻摄影记者对伯德的壮举进行了拍摄。其中，伯德飞越北极点的镜头由威拉德·范·德维尔（Willard van der Veer）和鲍勃·多诺霍（Bob Donohue）拍摄，飞越南极点的镜头由范·德维尔和约瑟夫·拉克尔（Joseph Rucker）拍摄，1930年，百代公司对上述镜头进行剪辑，推出了纪录电影《与伯德在南极》（*With Byrd at the South Pole*，又名《南极探险》）。与此同时，赫尔利也于1929年重新返回南极，这次他与道格拉斯·莫森率领的探险队共同搭乘斯科特的老探险船"发现号"（经过翻新）前往南极进行探险，其拍摄的电影最终以《随莫森前往南极！》（*Southward-Ho with Mawson!*）为名公映。1930—1931年，赫尔利再次与莫森合作，一起拍摄南极探险纪录片，但由于在陆地上停留的时间太短，赫尔利非常恼火，他抱怨说："我们在南极大陆上只待了36个半小时。指望我在这么短的时间内拍出一部电影是很荒谬的。"尽管如此，两人的作品《南方之围》（*Siege of the South*）（融入了赫尔利上一次南极之行所拍摄的片段）还是如期上映了，很多人都认为，赫尔利在这部电影中的镜头运用的是他所有作品中最好的，已达到了出神入化的程度。

当时，探险片作为一种类型片正在面临消亡。1934—1937年，一支英国探险队在约翰·赖米尔（John Rymill）的率领下前往英属格雷厄姆地进行探险，这期间采用了新的纪录片拍摄方式。队中的摄影师朗斯洛特·弗莱明（Launcelot Fleming）利用大约3962米长的35毫米胶片拍摄了大量影像，但没有人将其剪辑成商业电影，这些胶片只以一种科学文献的形式被储存起来，直到大约50年之后才有人对其进行剪辑，并制作成了一个面向公众的视频版本。

此前，伯德中校曾经从空中拍摄过南极点，但直到由维维安·富克思（Vivian Fuchs）和埃德蒙·希拉里（Edmund Hillary）领导的英联邦跨南极探险队于1955—1958年前往南极后，才有携带胶片摄影机的人亲身抵达南极点，他们携带的还是彩色摄影机。这次探险的影像被精心剪辑到两部大气磅礴的纪录片中，一部是于 1956 年上映的《南极立足点》（*Foothold on Antarctica*），讲述了探险队从启程到建立大本营的全过程；另一部是于 1958 年上映的《跨越南极》（*Antarctic Crossing*）——由乔治·洛（George Lowe）和德里克·赖特（Derek Wright）拍摄，讲述了探险队成功穿越南极大陆的全过程，这也是沙克尔顿曾经的宏伟抱负。

147 此后，电视节目开始风靡世界，人们足不出户就能领略地球上任何一处偏僻角落的风光。如今，大卫·爱登堡（David Attenborough）为我们带来了系列纪录片《冰雪的童话》（*Life in the Freezer*），里面关于野生动物的镜头十分精彩，远胜于庞廷和赫尔利的开创性作品；而麦克·帕林（Michael Palin）更是通过好评如潮的系列纪录片《极地之旅》（*Pole to Pole*）将南极的壮美风景带到了千家万户的客厅里。不过，赫尔利和庞廷拍摄的原始镜头经常被融入现代电视纪录片中，其中最值得一提的或许是英国广播公司基于影像档案所拍摄的优秀科普纪录片《时光旅行》（*Travellers in Time*）系列。后来，我们甚至都不需要利用电视节目就能将南极景象带到我们面前。现在的阿蒙森－斯科特南极科考站安装了网络摄像头，可以为点击相应链接的人提供来自世界最南端的实时图像。先驱们艰辛的探索已经成为过去，但赫尔利和庞廷拍摄的静态与动态镜头却在《伟大的白色寂静》（原始的无声电影更令人们对其平添了几份敬畏之情）中保存了下来，每次播放都会使其传奇色彩变得更浓，并让我们陶醉其中。正如凯瑟琳·斯科特在庞廷著作的序言中形容的那样："它们（注：指庞廷的摄影作品）的美丽和神奇从未改变。"

第七章

“坚忍号”：一场光荣的失败

沙克尔顿在南极点附近折返后，于1909年6月14日返回了伦敦。他受到公众的热烈欢迎以及媒体的普遍关注。国内舆论认为，沙克尔顿一行人抵达了距离南极点不到160千米的地方，这已经可以被视为一项重大成就了。沙克尔顿善于吸引媒体的关注，他自己对此也非常享受。接受媒体采访的时候，沙克尔顿总能做到旁征博引，侃侃而谈。他是一位出色的演讲者，能娴熟地应对任何一位听众——包括国王爱德华七世（沙克尔顿曾在巴尔莫勒尔为国王做演讲）。国王将沙克尔顿提升为高级维多利亚勋爵士，使他与斯科特平起平坐，沙克尔顿随即成为全国的焦点，成了一位炙手可热的社会名流。

漫长的冬季终于结束了，黑暗褪去了，太阳出来了。照片由赫尔利拍摄于1915年8月初，展示的是“坚忍号”被牢牢困在威德尔海浮冰当中的情景。阳光照亮了她的桅杆、帆桁、索具和船帆上冻结的冰层。

此前，沙克尔顿曾经债台高筑，但现任政府为了在大选之前吸引人气，特意为“猎人号”的探险行动补发了高达 2 万英镑的经费，这解了沙克尔顿的燃眉之急。回到新西兰之后，沙克尔顿就开始着手撰写探险纪实，但无奈他的文学水平有限。于是，沙克尔顿聘请了当地一位优秀的记者爱德华·桑德斯（Edward Saunders）来伦敦担任他的通讯员，他把故事口述给桑德斯，再由后者编辑和润色，最终形成的作品即为《南极之心》（*The Heart of the Antarctic*）。 149

《南极之心》于 1909 年 11 月出版，当月沙克尔顿被册封为爵士（他在英王寿辰授勋日所举行的仪式上获得了这项荣誉），这本书也被誉为“本季最佳书籍”（book of the season）。不过，生活并非一帆风顺，不久后，沙克尔顿那声名狼藉的兄弟不但破产，还因为欺诈而入狱，沙克尔顿自己的经商事业也一波三折，而且，他已经进入了英国建制派的核心，身为一名爱尔兰裔英国人，这甚至比抵达南极点更有挑战性。随后，沙克尔顿在英国各地举办了辛苦但获利颇丰的演讲活动，并于 1910 年 1 月前往欧洲大陆，他的到来使柏林的德皇和圣彼得堡的沙皇都感到十分高兴。 150

在奥斯陆，以阿蒙森为首的众多挪威名流向沙克尔顿取得的成就表示敬意，更对他的勇气表示钦佩，因为他在距离南极点非常近的地方毅然向回折返。紧接着，沙克尔顿又于当年3月前往美国。沙克尔顿四处奔波举办讲座的目的都是为了筹集资金，他打算与莫森共同组建一个探险队，并前往阿代尔角西部进行新的冒险。利用讲座赚取的酬劳，沙克尔顿终于还清了他率领“猎人号”远征南极时所欠下的债务。另外，他还凭借超凡的个人魅力规避了很多小额债务。在某些情况下，甚至有人愿意为他提供不设还款期限的贷款。

然而，新晋的“欧内斯特爵士”和斯科特实际上都是同一类人，他无法忍受没有新探险计划的日子，尤其是当听到美国人正摩拳擦掌想要征服北极点，德国人还有斯科特也都在为前往南极做准备的消息后。不过，沙克尔顿的新探险计划很大程度上依赖于他在商业方面所获得的利润，而在1910年5月爱德华七世去世后，这些投机项目因市场信心低迷而血本无归。莫森和其他队友逐渐发现，沙克尔顿作为极地探险队的领袖绝对是称职的，但他作为商业伙伴却又是另外一回事了。此前，沙克尔顿曾获得了一笔1万英镑的捐款，莫森认为应该将这笔钱投入新的探险项目中，但沙克尔顿却将其用于偿还上次探险时的借款，尽管莫森很快就找到了替代资金，但他们两人的合作关系也就此破裂了。因此，莫森撇开沙克尔顿，独自搭乘“极光号”驶向南极。

1910年7月，斯科特乘座舰“特拉·诺瓦号”驶离伦敦踏上征途，前来送行的人群之中就有沙克尔顿。此时，极地探险“英雄时代”的最后一个大幕已经徐徐拉开了，但沙克尔顿却被抛在了后面，他感到沮丧、不安和乏力，而且他的私生活也并不如意。尽管妻子艾米莉对他忠贞不贰，但沙克尔顿并不适应家庭生活，而且他一直对女性很有吸引力，这也是他每次都能成功筹集到资金的一部分原因。此前，沙克尔顿曾与威廉·比尔德莫尔的妻子伊丽莎白建立了深厚而长久的友谊，比尔德莫尔冰川就是以她的名字命名的。现在，他又开始了与罗莎琳德·切特温德（Rosalind Chetwynd）的恋情。切特温德是美国人，与她的准男爵丈夫离婚后成为一名演员。虽然在许多方面沙克尔顿仍然需要依靠艾米莉，但在他的整个余生当中都与这位“罗莎”保持着一种奇特的关系。

1911年3月，阿蒙森抵达罗斯海并对斯科特发起挑战的消息在英国传开后，沙克尔顿有意避免对其进行公开评论。不久后，阿蒙森成功抵达南极点，

151

沙克尔顿表现得非常坦率，他公开对其表示钦佩，同样值得注意的是，他在面对斯科特团队失败和牺牲的消息时表现得十分克制。这与英国舆论对阿蒙森的广泛诋毁以及公众对斯科特的高调哀悼形成了鲜明对比。沙克尔顿对于英国探险队未能取得南极点争夺战的胜利而感到遗憾。然而，斯科特落败的真实原因当时并未向外公布，尤其是 1913 年底出版的《斯科特的最后一次探险》（*Scott's Last Expedition*），这本书虽然是为了记述这场灾难而出版的，但在知情人士看来，其对斯科特一行遇难的原因进行了美化。

虽然人类首次抵达南极点这一重大荣誉已经被挪威人夺走，但南极探险领域尚有一些空白需要填补。来自德国总参谋部的威廉 · 菲尔希纳（Wilhelm Filchner）陆军中尉曾参加了 1910 年斯科特在伦敦举行的出征仪式，现在，他正在计划从威德尔海穿越南极洲。威德尔海常年冰封，是一处比相对开阔的罗斯海更加危险的海域。1903 年，拉森的座舰“南极号”（Antarctica）就是在这处海域被海冰压碎的。

152

菲尔希纳曾经与斯科特会面，讨论了在南极点会合，再分别前往对方的起始点，从而从两个方向进行双重穿越的可行性。从实际情况来看，这个计划纯属空想，不过菲尔希纳后来还是按照计划搭乘“德国号”（Deutschland）前往南极，他对威德尔冰架的南端进行了探索，发现了现在以他名字命名的冰架。他还在东边的瓦谢尔湾（Vahsel Bay）发现了一个可能的登陆点——该海湾是以“德国号”的船长来命名的。不幸的是，他在航行途中去世。但事实上，菲尔希纳并没有前往距离海岸线较远的地方进行探索，在长达 9 个月的时间里，他的座舰一直被困在威德尔海的浮冰当中，这期间，他只能“随冰逐流”，最后好不容易才死里逃生。然而，菲尔希纳的发现重新唤起了沙克尔顿的希望，他把自己早先提出的穿越南极的大胆计划重新摆在了台面上，因为菲尔希纳弄清了该计划所涉及的真实走行距离——大约 2500 千米，并指明了威德尔海沿岸的一个潜在的登陆点。

1913 年 12 月 29 日，在向乔治五世国王汇报完情况，并由英国财政大臣劳埃德 · 乔治（Lloyd George）秘密提供 1 万英镑的政府配套基金后，沙克尔顿宣布他将组织一支“帝国跨南极探险队”（Imperial Trans-Antarctic

海洋营地。“这块漂浮的冰块……将成为我们近两个月的家。”照片中，探险队员们正在准备应急雪橇，以防冰面突然破裂。照片由赫尔利拍摄于1915年11—12月。

Expedition）并将原先的计划付诸实施。这将是迄今为止路程最长的雪橇远征，用《泰晤士报》的话说，将“重新确立英国在极地探索方面的威望”。

这份计划的原型实际上是由沙克尔顿的朋友、苏格兰探险家威廉·布鲁斯（William Bruce）制订的，但现在已经过大幅修改。这一次，沙克尔顿打算乘坐两艘船前往南极：一艘船将带着跨南极探险队在瓦谢尔湾登陆，另一艘船将带着第二批人马前往麦克默多湾，并沿着通往极点的旧路线——比尔德莫尔冰川布设补给站。这次沙克尔顿探险队携带了100条雪橇犬，并计划在100天内完成穿越。沙克尔顿的计划具有惊人的合理性。实际上，1957—1958年的富克斯－希拉里探险队正是按照这一计划成功穿越了南极。但即便后来的富克斯－希拉里团队占有更大的优势，包括更高的知识水平和后勤机械化水平，他们仍然耗时99天才走完这条实际长达3220千米的路线。在第一次世界大战前夕，人们对威德尔海和南极点之间的地形一无所知，即使是阿蒙森（他在驾驭雪橇犬和滑雪方面的专业知识要远远超过沙克尔顿），其行进速度也远远没有人们想象中的那么快。阿蒙森在南极一共行进了大约 2575 千米，平均每天 25.7 千米。至于滑雪板，阿蒙森亲自说服沙克尔顿，说滑雪板是极地生存必不可少的，不过，尽管沙克尔顿之前在挪威测试装备时做了一些练习，包括机动雪橇，但他仍然不太了解它们的潜力。事实上，帝国跨南极探险队中唯一一位能胜任远距离滑雪任务的人是脾气古怪的皇家海军陆战队上尉托马斯·奥德－利斯（Thomas Orde-Lees）。日后，当沙克尔顿已经放弃极地徒步旅行计划的时候，还是对奥德－利斯的滑雪速度和极高的效率表达了钦佩之情。但奥德－利斯很想知道为什么沙克尔顿没有提早得出这个结论，也没有坚持要求每个队员至少能以每小时 8 千米的速度滑行。

简而言之，整个横穿南极的探险计划都非常富有远见卓识，是沙克尔顿理性的头脑和善于即兴创作的天赋的一次完美结合，令人印象十分深刻。沙克尔顿所需要的资金是通过他惯用的复杂手段筹集的，包括从伯明翰轻武器公司的达德利·多克（Dudley Docker）那里获得的 1 万英镑，政府资助的 1 万英镑，以及由苏格兰黄麻经销商、百万富翁詹姆斯·基·凯尔德爵士（Sir James Key Caird）无条件捐赠的 2.4 万英镑。新闻界全力开动，对沙克尔顿的新探险进行报道，因为这份计划迎合了当时高涨的爱国主义热潮，也是国家对于壮烈牺牲的斯科特一行人的一种精神补偿。不过，仍有一些人对南极探险持怀疑态度，包括第一任海务大臣温斯顿·丘吉尔。他的观点是，“我们已经在这个徒劳的探险项目中耗费了过多的生命和金钱”。因此，丘吉尔只批准奥德－利斯这一名海军军官参加此次远征。此前，斯科特曾从一名隶属政府的化学家那里获得了有关“发现号”后勤补给品的分析材料，沙克尔顿则主动开辟了新的领域，他从陆军部获得了关于科学补充营养的相关建议——他是第一个这样做的英国探险家。此外，沙克尔顿还招募了几名军官，包括菲利普·布罗克赫斯特（Philip Brocklehurst）的弟弟，但随着第一次世界大战爆发，这些军官探险南极的计划也成了泡影。

然而，即使是战争也没有阻止沙克尔顿。他设法在 7 个月内将整个探险行动安排妥当，而且，在正式宣布探险行动启动时，沙克尔顿已经招募了自己最忠诚的朋友，自“猎人号”时期就开始追随他的弗兰克·维尔德

（Frank Wild）并作为副手，还有“猎人号”的艺术家乔治·马斯顿（George Marston）。另有一大批志愿者自告奋勇，踊跃加入新探险队。最终，沙克尔顿选定了27名队员，其中包括一些坚忍不拔的南极老兵，如曾在“晨曦号”“猎人号”和“特拉·诺瓦号”上工作过的三副艾尔弗雷德·奇特姆（Alfred Cheetham），以及在“特拉·诺瓦号”和“发现号”上工作过的托马斯·克林（Tomas Crean）。还有一些新人，包括物理学家雷金纳德·詹姆斯（Reginald James）、地质学家詹姆斯·沃迪（James Wordie）、气象学家伦纳德·赫西（Leonard Hussey）和生物学家罗伯特·克拉克（Robert Clarke），还有新西兰人弗兰克·沃斯利（Frank Worsley）——他将成为沙克尔顿座舰“坚忍号”的船长。事实证明，沃斯利是一名天才的航海家和优秀的船只管理

1915年10月，在浮冰的挤压下，“坚忍号”向左舷严重倾斜，沙克尔顿后来写道：“赫尔利……下到浮冰上，为处于不寻常姿态的船只拍了一些照片。”

者。队中另一位重要的澳洲人是摄影师弗兰克·赫尔利，沙克尔顿已经和他建立起商业伙伴关系。赫尔利外在勇敢无畏，内里聪明睿智，在专业上也很有天赋，更重要的是，他前不久刚随莫森一起去南极旅行。尽管赫尔利的大部分作品都随“坚忍号”一起沉入了海底，但他抢救出来的部分影像记录还是令沙克尔顿的探险行动成为那个时候最引人注目的焦点。

155

队中有两位医生，分别是亚历山大·麦克林（Alexander Macklin）和詹姆斯·麦克罗伊（James McIroy），他们都是酷爱冒险的北爱尔兰人。还有几位难缠的水手，尤其是乔治·文森特（George Vincent）和哈里·麦克奈什（Harry McNeish）。文森特因为恃强凌弱的行为而被贬为水手长，而麦克奈什是一个造船专家和木匠，但为人很难相处。总之，这是由多位性格迥异的人所组成的团队，只有凭借沙克尔顿的个人魅力以及维尔德出色的能力和可靠的性格（他也是包括“队长”本人在内的所有人的力量源泉）才能将他们维系在一起。

“坚忍号”本身是一艘全新的、未经试验的300吨级木制辅助三桅帆船，最初是由挪威为“北极旅游”而建造的，但这一项目最终未能取得成功。沙克尔顿花大价钱购买了这艘船和莫森的“极光号”（已经驻泊于塔斯马尼亚），负责布设补给点的分队将搭乘后者前往罗斯海。沙克尔顿将“极光号”交由前“猎人号”的二副埃涅阿斯·麦金托什（Aeneas Mackintosh）指挥。

1914年8月1日，“坚忍号”正式启航。在此之前，应寡居的亚历山德拉王后的要求，她亲自赶到伦敦并对“坚忍号”进行了视察。此时，奥匈帝国已经向塞尔维亚宣战，几天之内，挑动欧洲两大阵营的“多米诺骨牌”就倒下了，德国、俄罗斯、法国和英国相继被卷入战争。沙克尔顿探险队中的两名军人和他原来的大副都脱队赶去参战，沙克尔顿本人也正式提出率领“坚忍号”以及全体船员为战争服务的请求，但被海军部拒绝。于是，这艘船在沃斯利的指挥下顺利启航，驶向南极，这令所有相关人员都感慨万千。沙克尔顿和赫尔利改变了原先的计划，他们另外搭乘轮船来到了布宜诺斯艾利斯，并在此地采购了69条雪橇犬。离开英国后不久，沙克尔顿就患上了一种神秘的疾病，在探险期间这种病发作的次数变得更加频繁。不久后，沙克尔顿等人回到“坚忍号”，他们在船上发现了一位名叫珀西·布莱克伯罗（Percy Blackborrow）的偷乘者，某位担心人手不足的探险队员将他偷偷带上了船。沙克尔顿先是把珀西痛骂了一顿，然后宣布留下他并让他担任船上的服务员。事实证明，珀西是一个有价值的帮手，后来在象岛恶劣的条件下，他在切除冻伤脚趾的手术中幸存了下来，这是一项巨大的荣誉（尽管不那么值得宣扬）。随后，“坚忍号”向南驶去，先抵达位于古利德维肯（Grytviken，是挪威人在南乔治亚岛设立的捕鲸站）的中转站，再于1914年12月5日从那里启程，前往未知的威德尔海东南海岸。

156

威德尔海是一处开放的海湾，其最南端是菲尔希纳冰缘（Filchner ice-edge），西侧被南极半岛包围，纵深约1530千米，东侧纵深约800千米，总宽度超过1930千米。南乔治亚岛位于瓦谢尔湾的正北方，两者之间的距离为2415千米，沙克尔顿选择的航线是向东航行，“坚忍号”先经过南桑威奇（South Sandwich）群岛，并于12月11日驶入位于南纬50度28分的浮冰区。

此前，沙克尔顿率领“坚忍号”一直停留在东部，就是为了避免过早进入浮冰区，但这一年却与往年不同，夏季浮冰区向北大幅扩张。实际上，威德尔海浮冰的形成和持续时间与季节无关，这些浮冰是在南极半岛西部的盛行海流和东南风的推动下，以缓慢的速度顺时针运动的。当浮冰在越来越大的压力下向西和向北沿着帕默半岛（Palmer Peninsula）和格雷厄姆地的海岸线分裂和碾压时，被卷入其中的船只会被困住更长时间，甚至有可能被这个“巨型磨盘”碾碎。1915年1月19日，宿命般的困境降临了，“坚忍号”正在向东航行，刚刚驶过了一条漫长的航线，行至南纬76度30分的海域时，突然被牢牢地卡在了浮冰中。当时，船员们已经能将瓦谢尔湾的山峰尽收眼底了，它就位于“坚忍号”以东97千米处。2月21日，浮冰裹挟着“坚忍号”继续向南漂流到南纬76度58分的区域，但随后她被牢牢地锁在浮冰中，动弹不得。“坚忍号”跟随浮冰一起冲过了瓦谢尔湾，并开始沿着一条不稳定、缓慢、无法控制且不能掉头的航线向北漂流。到3月中旬，沙克尔顿知道他的南极穿越计划已经无法继续了。他们所能期望的最好结果就是像之前的德·热尔拉什、布鲁斯和菲尔希纳一样，"坚忍号"能够顶住压力生存下来，也许在一年之后，也就是在向北行进 1600 千米之后，浮冰群会发生解体，届时，"坚忍号"或许可以逃出生天。与此同时，沙克尔顿展现出了他真正伟大的一面，麦克林写道："沙克尔顿完全没有发怒，表面上也没有表现出丝毫失望的迹象，他简单而平静地告诉我们，我们必须在浮冰群里过冬，并解释了它的危险性和可能发生的情况，他从来都没有丧失乐观主义精神，并积极为过冬做准备。"

与此同时，在罗斯冰障上，一幕结局注定徒劳无功但过程充满奋斗和苦难的传奇正在上演。此前，在悉尼，因为沙克尔顿承诺提供的资金并没有兑现，麦金托什费了九牛二虎之力才把"极光号"布置停当。这艘装备不良的船在一片混乱中启程，船上 28 名船员的身份甚至比"坚忍号"上的更加复杂，该船还要负责运载沙克尔顿探险队剩余的雪橇犬——它们是从英国本土千里迢迢运来的。登陆分队的 9 名队员中，只有麦金托什和欧内斯特·乔伊斯（也参加过"猎人号"探险队）有驾驶雪橇的经验。而事实证明，作为探险队的领队，麦金托什还远远不够格。他们准备不足，资金短缺，不得不继续使用斯科特留在埃文斯角和小屋岬的旧木屋，而且没有适合雪橇运输的定量口粮。尽管如此，麦金托什、乔伊斯和弗兰克·维尔德的兄弟欧内斯特（两人拥有许多相同的优秀品质）还是于 1915 年 2 月 20 日成功地在南纬 80 度的区域布设了一个补给点，为沙克尔顿穿越极点抵达此地做准备。在经历了一段可怕的旅程后，他们于 6 月 2 日回到埃文斯角，发现"极光号"已经被狂风从无遮挡的停泊处给吹到了海里——他们被困在了岛上。此前，麦金托什遵照沙克尔顿的指示，将这艘船作为他们的基地，在船上储存了设备和物资，为了缩短沙克尔顿一行人南下的行军距离（可以缩短近 80 千米），但他没有按原计划将"极光号"停泊在一处更偏北但更安全的位置上。

157

这是一个由于缺乏经验而导致的错误，但沙克尔顿对此也负有一定责任，他给麦金托什下的命令主要是避免这艘船像"发现号"一样被冰封在小屋岬，但后者在执行这条命令时，间接使得"极光号"被困于罗斯海的浮冰群中，同样遥不可及。直到次年 3 月，"极光号"才从浮冰中脱困，当时她已经漂流到距离埃文斯角以北 1130 千米的海域，鉴于当时的情况，她只能直接返回新西兰。直到 1917 年 1 月，当沙克尔顿率领“极光号”重新返回南极营救登陆分队时，他们才终于再次见到了这艘船。在那之前，队员们只能完全靠自己生存下去，幸亏泰迪 · 埃文斯在斯科特第二次南极探险结束时明智地将自己储备的部分补给品（包括他们宰杀的动物）留了下来，既可以填饱肚子，脂肪还可以用作燃料。更幸运的是，埃文斯储备的东西中还有烤盘和其他可以利用雪橇搬运的物品。

1916 年 1 月，麦金托什一行人带着最后几条狗进行了另一场艰苦卓绝但充满史诗感的远征，他们向南前进了 580 千米，在比尔德莫尔冰川脚下为沙克尔顿分队准备了一个补给点，直到此时，他们仍然希望能够完成这个宏伟的探
158
险计划。从行进路线、物资匮乏的状况，以及极度恶劣的条件上看，小分队返回登陆点的旅程与斯科特等人有着奇特的相似之处，但同时，这也是一场浪费生命的悲剧，因为沙克尔顿永远不会再来到这里了。

事实证明，麦金托什的指挥非常糟糕，出现了一系列误判。他本人最终也因坏血病而倒下，不得不独自一人带着三周的食物等待救援。随后，由乔伊斯接任队长，他率领其余队员继续向小屋岬前进，除了一名因营养不良和长期暴露在野外而过于虚弱（最终不幸去世）的人之外，其他队员都成功抵达了目标。死者是阿诺德 · 斯潘塞 – 史密斯（Arnold Spencer-Smith）牧师，他也是南极洲的第一位神职人员。牧师患上了严重的坏血病，但他从不抱怨，队员们把他抬到雪橇上，拖了将近 480 千米，然而，在距离小屋岬仅有两天路程的时候，他还是因心脏衰竭而死亡。在小屋岬取得补给后，乔伊斯、欧内斯特 · 维尔德和理查兹（Richards）马不停蹄返回比尔德莫尔冰川，救回了麦金托什。但在 5 月，麦金托什和比尔德莫尔之行的另一名成员海沃德固
159
执地决定在安全季节彻底来临之前，先通过海冰返回埃文斯角。他们刚一出发，一场暴风雪就降临了，冰面很快破碎，两人就此消失得无影无踪，再没有出现过。

值得一提的是，“坚忍号”和“极光号”都携带了无线电设备，这也是第一批携带此类通信设备的探险船。“坚忍号”始终未能在威德尔海设立一座无线电通信中继站，但“极光号”在 1916 年从冰层中释放后，终于利用无线电

尽管“坚忍号”被浮冰冻结，但雪橇犬队仍在继续进行训练。我们可以在这张照片中看到部分支离破碎的冰丘，这是由“坚忍号”周围的浮冰持续移动而造成的。照片由赫尔利拍摄于 1915 年 8 月。

与澳大利亚取得了联系。当时，有可能改变整个事件进程的科技是存在的，但还不够先进，没有达到可以促成改变的程度。

冻结于浮冰

对“坚忍号”上的人来说，现在主要的敌人是不确定性和无聊感。起初，这艘船是安全的，沙克尔顿尽可能采取措施使队员们感到舒适，他把宿舍设在船舱内——那里比较温暖，他还把雪橇犬转移到浮冰上的冰屋狗舍中饲养。于是，照看这些雪橇犬，与它们一起进行拉雪橇练习，以及照料它们新繁殖的众多幼崽成为探险队员们日常的主要工作。

沙克尔顿自始至终都保持着乐观的态度，他对自己的目标坚定不移。特别是在忠诚可靠和深受喜爱的维尔德的帮助下，他巧妙地将船员之间的紧张关系降到最低限度。这些船员成分复杂，包括没有受过教育的海员、不谙世事的学者和古怪的奥德－利斯——他在冰上骑自行车，成为人们的笑料，但其实他也是一位勤奋的仓库管理员和敏锐的观察者。人们可以在船上继续自己的工作，进行科学观察或照看雪橇犬，但沙克尔顿坚持要求全体队员准时就餐，并保持正常的社交，举行共同的娱乐活动，例如赫西为大家演奏班卓琴（该琴历经传奇并幸存下来，目前被妥善保存，它可谓是一剂“重要的精神补药”）。沙克尔顿可以将队员们之间的恶作剧控制在一定范围内，而且他自己就常常是恶作剧的发起者；他机智、善解人意、性格开朗，“虽然没有什么特殊专长……但却能轻而易举地掌握一切”。（奥德－利斯语）

> 我认为，我们之所以能团结一致的秘诀，就在于有沙克尔顿爵士。虽然目标和立场均不相同，我们之间却很少发生分歧，这是很令人惊讶的。
>
> ——托马斯·奥德－利斯

160

斯科特的焦虑表现在沉默和大发脾气上，而沙克尔顿——除了有人对他的痛点进行挑战之外，绝不会表现出任何不良情绪，这使他在这支队伍中赢得了超乎寻常的信任。

然而，他们的前景并不乐观。船上收藏的众多书籍中有一本由诺登舍尔德所著的《南极》（*Antarctic*），书中讲述了在 1903 年拉森的船是如何被一点点压碎的。目前，“坚忍号”正在同一片海域与浮冰一起缓慢移动。到了 5 月底，速度突然加快了，“坚忍号”和牢牢锁住她的浮冰开始以每天 16 千米的速度向北移动，随着距离西边某处未知陆地越来越近，浮冰开始互相挤压，发出巨大的呻吟声。到 7 月底，“坚忍号”左舷倾斜，方向舵和内部结构受损，四

在南极漫长的冬季，气象学家赫西和物理学家詹姆斯继续收集科学数据。照片由赫尔利拍摄于1915年3—8月。

周被冰脊所包围。从那时起直到10月，“坚忍号”都在对抗浮冰的挤压，浮冰不断破裂，然后又重新在船体周围聚集，尽管沙克尔顿命令启动船上的蒸汽机，希望她能够依靠自身动力摆脱浮冰，但随着船体损伤的增多，它只能被用来抽水，以防止海水大量涌入造成船体倾覆。不过，无论是利用蒸汽机还是后来利用船员手动抽水（令人精疲力竭），都收效甚微。“坚忍号”虽然很坚固，却不像“弗拉姆号”或“发现号”那样采用了专门的抗冰设计。随着危机逼近，船员们匆忙将“坚忍号”搭载的小艇和设备转移到冰面上。10月27日晚上，将船尾柱和部分龙骨拖到冰面后，沙克尔顿下令弃船。此时，“坚忍号”的位置是南纬69度5分，西经51度30分，位于她最初被浮冰冻结的地方以在沙克尔顿的坚持下，人们冒险将赫西的班卓琴从下沉的“坚忍号”中抢救出来，因为它可以为探险队员们提供娱乐并且分散他们的注意力，可谓是十分重要的“精神补药”。在象岛上，船员们全靠自编一些歌曲来打发时间。

北 800 多千米。对沙克尔顿来说，这肯定是一个极端痛苦、失望的时刻，资深医生麦克林写道：“但他既没有用语言也没有用态度表现出来……他没用手势，没用音乐，也没有激动，只是平静地说道：‘船和补给都没了，所以现在我们要回家了。’”麦克林继续说：“我认为，很难表达这些话对我们究竟意味着什么……”

沙克尔顿最初的计划是穿越积雪覆盖、支离破碎的崎岖山地，行军 480 多千米到达雪丘（Snow Hill），那里是诺登舍尔德在南极半岛建立的老基地，他知道那里有补给品，然后探险队可以从那里向西经陆路到达威廉敏娜湾（Wilhelmina Bay），而那里捕鲸人经常光顾。然而，沙克尔顿后来放弃了这个想法，因为他们累死累活地拖了三天，却只把两艘小艇拖动了几千米远。沙克尔顿改变了策略，他下令在一块较为坚固的浮冰上建立了所谓“海洋营地”，然后重新考虑下一步选择。探险队员们还把第三艘小艇拖到了营地旁，并利用其重新返回了“坚忍号”遇难的地方，他们从已经混乱不堪的船体残骸中打捞出了更多的东西，其中包括赫尔利的摄影底片。探险队很可能又要在南极露营度过一个漫长的冬天，他们不得不等待，直到冰块破裂，或者把他们带到离陆地足够近的地方，这样才可以在没有船只的情况下冲过去。11 月 21 日，随着浮冰松动，远处的“坚忍号”开始下沉，其耸立在海面之上的烟囱开始消失。随后，“坚忍号”的船艏迅速下沉，而浮冰立即在上面合拢，仿佛这艘船从来没有出现过一样。

驻扎在海洋营地的探险队员们开始了新一轮的等待，而且情况可能会变得越来越糟。在逆境中，赫尔利最大限度地发挥了自己的聪明才智，他用回收的木材为帐篷铺上地板，用船上的煤灰斗制作了一个鲸脂炉，后来又为小艇制造了一个便携式鲸脂炉。然而，浮冰仍在继续向北漂流，而且位置变得愈加偏东，这使得探险队唯一可能的逃生方式是通过海路前往保利特岛（Paulet Island，拉森曾在那里找到了避难所），或者更糟糕的情况是浮冰漂流到开阔海域，在那里这些小艇很难幸免于难。11月底，沙克尔顿以三位对他帮助最大的赞助商为三艘小艇命名：最大的双头捕鲸艇被命名为“詹姆斯・凯尔德号”（James Caird），其他两艘稍小的划艇分别被命名为“达德利・多克号”（Dudley Docker）和“斯坦科姆－威尔斯号”（Stancomb-Wills），后来，沙克尔顿又把最后一艘小艇更名为“珍妮特・斯坦科姆－威尔斯号”（Janet Stancomb-Wills），这个名字来自另一位一直支持他的、富有而慷慨的贵妇。

> 尽管没有失去任何一条生命，但我们已经在地狱里走了一趟。
>
> ——1916年9月3日，沙克尔顿在给妻子的信中写道

直到12月21日，他们已经随着浮冰漂流到距离“坚忍号”沉没海域以北225千米的地方，进入一个由蜂窝状碎冰所组成的“平原”，在南极夏季的阳光下，这些碎冰变得黏糊糊的，并有很多水在涌出。为了挽救低落的士气，沙克尔顿决定拖着两艘小艇，再次向陆地进军。到12月28日，他们已经走了将近16千米，但这一成绩是在沙克尔顿将木匠麦克奈什领导的一场叛变扼杀在摇篮中之后才取得的。当时是探险队前往陆地的第四天，麦克奈什拒绝继续前进。这也是沙克尔顿的权威第一次遭受严重挑战，部分原因是麦克奈什个人的不满，以及前桅船员的传统观念，既然“坚忍号”已经沉没，他将不再得到报酬，也没有义务继续服从命令。沙克尔顿平静地说服他们，根据法律，自己仍然对他们享有绝对的权威。当然，他也会继续支付他们报酬。

163

沙克尔顿把麦克奈什拉到一旁，对他说，如果他继续违抗命令，将立即依法枪毙他。

从 1915 年新年前夕到 1916 年 4 月初，他们一直被困在被命名为“耐心营”的新据点上（仍然位于浮冰之上）。海豹本来数量很多，但在 1 月中旬突然出现了短缺，这迫使沙克尔顿把除了两组雪橇犬以外的其他犬都射杀了。这是不可避免的，但这无助于提高士气，现在探险队员们的士气已经受到了食物数量匮乏以及品种单调的不利影响，而且他们越来越担心自己有朝一日会远离陆地，彻底在大海中漂流。2 月初，随着浮冰不断运动，将旧的海洋营地带到了距离海岸只有 10 千米远的地方，队员们趁机将“珍妮特 · 斯坦科姆 – 威尔斯号”找了回来，到 3 月初，他们已经走到了距离保利特岛以东约 130 千米的地方。

随着距离开阔海域越来越近，探险队员们开始担心他们脚下的浮冰会突然裂开，或者被由狂风和海流推动的冰山撞倒，事实上，他们多次面临这种危险。3 月 9 日，浮冰继续在海浪中移动，尽管队员们整理好了小艇，准备离开，但安全驶离浮冰的契机迟迟没有到来。23 日，也就是“坚忍号”沉没后的第 139 天，人们终于看到了茹安维尔岛（Joinville Island）的山峰，此时，他们所在的位置距离格雷厄姆地仅有 64 千米远，但沙克尔顿仍然推迟了行动，他担心在充满厚重浮冰和未知洋流的海洋中尝试驾驶小艇会有危险，他的担心不无道理。到了月底，探险队所在的浮冰已经开始向北漂移，逐渐离开威德尔海，沿着南大洋的洋流漂去。可以确定的是，他们扎营的浮冰马上就要崩解了。食物越来越少，白天越来越短，冬天即将来临。此时，南极半岛位于探险队的西南方，但过于遥远，根本不可能抵达。在探险队的北方，距离较近的陆地只有克拉伦斯岛（Clarence Island）或象岛，但航程也均超过了 160 千米。3 月 30 日，沙克尔顿下令射杀了剩余所有雪橇犬，并作为食物吃掉，到了 4 月 9 日，浮冰在刺耳的巨响中四分五裂，由于脚下浮冰面积过小，十分危险，探险队员们不得不抛弃浮冰，冒险步入塞满冰块的海洋。下午 1 点 30 分，在徒步漂流了 3220 千米后，所有 28 名探险队都登上了小艇，他们穿过四周不断分解和融化的浮冰，向北进发。在三艘小艇当中，“凯尔德号”（Caird）由沙克尔顿亲

164

自指挥，“达德利·多克号”由队中最熟练的船工沃斯利指挥。“珍妮特·斯坦科姆－威尔斯号”交由“坚忍号”二副休伯特·哈德森（Hubert Hudson）指挥，但他的身体和精神状态都很差，因此实际由克林负责。事实证明，“凯尔德号”是一艘好船，其他两艘小艇则差了很多，而且这三艘船的状况都令人担忧。头两个晚上，为了过夜，他们把船拖到附近一块浮冰上。第一次拖船的时候，几乎酿成了灾难，浮冰突然裂开了，某位队员套着睡袋掉进了海里，同时令沙克尔顿和“凯尔德号”与其他船只短暂地分开。此后，他们就待在船上，晚上绑在一起，但三天之后，他们发现自己南侧和东侧的陆地已经在视线中消失了，而北边，也就是他们前进路线方向的陆地还迟迟没有出现。

随后，沙克尔顿下令改变航线，向西南方向折返回格雷厄姆地，这个决定挽救了他们的生命。因为在第二天，也就是4月12日，风向转为西南风，也就是说，如果他们直到此时才转向的话就根本无法抵达象岛了。13日，他们终于摆脱了浮冰的纠缠，但在接下来的几天几夜里，他们疲惫不堪，风吹日晒，强忍着晕船的痛苦不停地往外舀水——尤其是在两艘较小的船上，“凯尔德号”还拖着不适合航海的“珍妮特·斯坦科姆－威尔斯号”以防她遗失在大海里。到了第15天，也就是探险队乘船航行的第7天，象岛的山峰终于出现在他们面前，但“多克号”又掉队了。考虑到队员们极度疲惫的状况和悬崖下可怕的海况，“凯尔德号”“珍妮特·斯坦科姆－威尔斯号”以及掉队的“多克号”都相继设法绕到了岛的背风面，并在瓦伦丁角（Cape Valentine）附近找到了相同的登陆地点。鉴于象岛适于登陆的地点很少，这几乎是一个奇迹。事实证明，继续留在海角附近很危险，于是，两天后，也就是17日，他们又前进了11千米，来到一个岩石遍布、冰雪覆盖的海滩，他们将其命名为“维尔德角”（Cape Wild），以纪念弗兰克·维尔德，他十分勇敢，在“凯尔德号”上手握舵柄，不眠不休地坚持了整整32个小时。

探险队最后一次登陆南乔治亚岛是在16个月前，即1914年12月初，而这也是自1830年以来，人类第一次登上象岛。附近冰川的出水口为探险队员们提供了淡水，海岬的企鹅栖息地则为它们提供了食物，至于成为该岛得名原因的象海豹则踪迹全无，队员们连一只都没有发现。实际上，象岛只是一块荒芜、冰冷、无人问津的岩石，孤悬在茫茫大海之中，但它至少是一块坚实的土地。

“詹姆斯·凯尔德号”（James Caird），1916年4—5月

1916年5月20日星期六下午，三个穿着肮脏破烂衣服的大胡子走进位于南乔治亚岛北岸斯特罗姆内斯（Stromness）的挪威捕鲸站，随后，他们被带到经理托拉尔夫·索尔利（Thoralf Sørlie）的家中。索尔利觉得面前有个人看着眼熟，但没认出是谁，直到那个人说：“我叫沙克尔顿……告诉我，战争是什么时候结束的？”1914年12月，索尔利曾在古利德维肯（Grytviken）见过沙克尔顿，他立即对三人表示欢迎，但不得不给他们一个令人震惊的答案：“战争还没有结束，已经有数百万人在战场上濒临死亡……这个世界已经疯了。”等吃饱洗干净休息好了之后，这三位不速之客——其他两位分别是沃斯利和托马斯·克林，为在场的人讲述了一个惊人的故事，尽管这个故事的结尾发生在这次会面之后。

探险队在象岛海滩的避难所落脚后不久，由沙克尔顿、维尔德和沃斯利所组成的“管理委员会”就一致认为，他们唯一的希望就是外出寻求救援，因为他们被人偶然发现的可能性非常小。4月19日，沙克尔顿召集志愿者陪同他登上“詹姆斯·凯尔德号”，他选择了沃斯利，因为他的出色技能已经得到了证明，他还选择了坚强可靠的爱尔兰人克林，以及两个最难应付的下甲板船员——木匠麦克奈什和文森特。前者可以修复船只损伤，是必不可少的，而文森特尽管有缺点，但仍是个好水手。而且，带上他们也能消除岛上潜在的麻烦。“詹姆斯·凯尔德号”的最后一位船员是另一位爱尔兰人，即性格开朗的蒂莫西·麦卡锡（Timothy McCarthy）。

166

维尔德留在象岛的新营地并担任负责人，两位医生与他一同留下（他们需要帮助布莱克伯罗切除他那坏疽的左脚脚趾），临行前，沙克尔顿命令维尔

驾驶“詹姆斯·凯尔德号”前往南乔治亚岛的六个人经历了一段可怕的时光。他们经常被淋湿，只能在腐烂的驯鹿皮睡袋里睡上一小会儿，还必须不断地凿掉甲板上的冰以防止船只倾覆。

德：“如果救援人员迟迟没有抵达，你要设法率领营地留守人员在来年春天撤向欺骗岛（Deception Island）。”另外两艘小艇被翻了过来，用一堆石头支撑起来，形成了两个小屋，22 个人都住在里面。这些“小屋”是双层的，一些人睡在上面的船舷上，其他人则只能睡在下面沾满鸟粪的岩石海滩上。

出发前，探险队员们对长 6.7 米宽 2 米的“詹姆斯·凯尔德号”进行了力所能及的改造，抬高其干舷，并增加了一段小型前甲板。麦克奈什利用一架雪橇的木材、一张备用帆布和自己随身携带的碎片，迅速在船上铺了一层防喷溅甲板（只在船尾留下一个小小的指挥舱门），但这个甲板既不防水，也不坚固。为了加强“詹姆斯·凯尔德号”的龙骨，麦克奈什还将“珍妮特·斯坦科姆－威尔斯号”的桅杆拆下来，绑在她的龙骨上，并在这艘单桅拖船上又增加了一根小后桅。此外，探险队员们还捡了大量海滩上的碎石，装在简易的袋子里，再装上船作为压舱物，一直到装不下为止。一切准备停当后，“詹姆斯·凯尔德号”于 4 月 24 日星期一午后启程。船员们的随身物品只有破破烂烂的驯鹿皮睡袋、毯子和他们穿的衣服，但这些东西都不能防水。他们的目的地是南乔治亚岛，从盛行风和洋流的角度来看，该岛位于他们的下风处，航程近 1290 千米，不过，在冬季，这里是全世界最狂暴的一片海域。

鉴于“詹姆斯·凯尔德号”本来不应该出现在这样的水域中，她还算是稳定和安全的，但剧烈的颠簸使得每个人都严重晕船。一开始风平浪静，后来天气突然恶化，刮起了 9 级大风，他们不得不停下来休息一天，但后来还是硬着头皮继续上路了。直到 4 月 26 日，沃斯利计算出他们已经航行了 206 千米。除了开船之外，船员们的所有工作都是在甲板下进行的，环境非常拥挤、潮湿，令人恶心和不舒服。这里甚至没有足够的空间让人坐起来，而帆布甲板上的海水不断渗漏，下面的人几乎一直在不停地抽水和舀水。泵是赫尔利的另一个巧妙的即兴创作，但只有在完全没过底舱的积水时才能工作，而整个底舱都在不断晃动。船员们睡觉的地方在船头，是最干燥的地方（尽管这只是相对的），做饭的工作由克林负责，他在一个十分原始的炉子上烹调食物，只要有可能，他还得不停利用从海里捞来的冰块榨取淡水。沙克尔顿带来了足够使用一个月的物资，并且作为照顾部下的基本原则，他尽力确保每个人都经常能得

沙发和椅子，来自索尔利在南乔治亚岛捕鲸站的家。为了营救“坚忍号”的船员，沙克尔顿、克林和沃斯利进行了连续 36 小时的长途跋涉，抵达捕鲸站后，他们就是坐在这些沙发和椅子上休息的。

到热的食物或饮料，并且尽可能地保持轮流值班和定期休息。像以前一样，沙克尔顿在面对迫在眉睫的危险时所表现出的冷静和坚定，以及和他对每名部下的关心成为船员们的心理支柱。自“猎人号”探险队解散以来，沙克尔顿一直梦想着有朝一日能再次指挥一艘探险船踏上征途，但是，尽管他实现了这个梦想，却不得不承认，是沃斯利而不是自己，更有资格担任船长，与自己相比，他是一位更为杰出的航海家。

4 月 29 日，他们已经航行了 383 千米，但第二天，他们又被迫在能见度极低的条件下抛锚休息，此时，气温也在不断下降，但这至少带来了一个好处：甲板帆布冻结了，终于不再漏水了。然而，这也带来了新的危险，因为“詹姆斯・凯尔德号”上层建筑上结的冰越来越多，有些地方足有一英尺厚，这令船身变得极不稳定。船员们三次冒着生命危险爬到露天甲板上把冰削掉让其落入大海。5 月 2 日，“詹姆斯・凯尔德号”仍然在冰冷的海上迎风前行，这时，系船索突然断裂，海锚随即消失，这对船员们来说是一场潜在的灾难，因为他们现在只能扬着帆、顶风停船了，而这对帆布的磨损非常严重。

幸运的是，从 5 月 3 日开始，连续两天天气晴朗，不过，这之后不久，就从西北方向刮来了狂风。5 日午夜，“詹姆斯・凯尔德号”差点被巨浪掀翻。巨浪过后，船员们不得不再次顶风停船，整个晚上他们都在疯狂地抽水和舀水。文森特现在已经失去了工作能力，而麦克奈什痛苦不堪，克林和麦卡锡仍然保持着乐观的心态，作为领航员，沃斯利承受着巨大的压力，由于天气状况恶劣，他已经很久没看到太阳了，而且船体“像跳蚤一样跳个不停”，因此他的状况也变得越来越糟。7 日，依赖于沃斯利的辛苦工作，“詹姆斯・凯尔德号”终于抵达距离南乔治亚岛仅有 145 千米的海域，不过，船员们的淡水已所剩无几，仅供他们饮用两天，而且已经被海盐严重污染，他们开始感到口渴和疲惫。此前，沃斯利一直瞄准南乔治亚岛的西端，现在他希望能绕到岛的北侧，那里有挪威捕鲸站，但他无法确定自己的位置。不过，沙克尔顿担心他们可能会错过南乔治亚岛的北端，届时就无法挽回了，于是他决定前往无人居住、几乎无人知晓的岛南。5 月 8 日中午 12 时 30 分，船员们在浓雾中短暂地看到位于哈康国王湾（King Haakon Bay）以西的德米多夫角（Cape Demidov）

168

的山峰，过了一会儿，随着阴霾的消散，一整条怪石嶙峋的海岸线突然耸立在他们正前方，并向远处延伸而去。

现在，“詹姆斯·凯尔德号”已经无法安全靠近这片陆地了，沙克尔顿又度过了一个恐怖的夜晚。到了下午6点多，在一片黑暗中，船员们不得不与从西北偏西方向吹来的10级暴风作斗争，而且由于靠近陆地，海面上出现了巨大的碎浪。尽管如此，他们还是倾尽全力控制住船身，令她向南行驶。当天夜间，“詹姆斯·凯尔德号”被迫再次顶风停船，一整夜，船员们都在不停地抽水和舀水。到第二天中午，风向已转为西南风，风力达到飓风级，把“詹姆斯·凯尔德号”径直吹向了背风岸处形成的大注漩涡，这个大漩涡就位于哈康国王湾和安年科夫岛（Annekov）（位于海岸线外不远处）的可怕山峰之间。在这里，沃斯利精湛的操船技巧再次拯救了他们，他将最小的船帆转向南面，从而获得了最大的回转空间。四个小时过去了，由于不断拉扯和碰撞，“詹姆斯·凯尔德号”的每一条缝隙都在漏水，船员们纷纷向外舀水以避免被淹死。最终，他们在夜幕降临前逃离了小岛，随后天气状况逐渐好转。第二天，也就是1916年5月10日，船员们又度过了一个令人沮丧的下午，他们筋疲力尽，浑身湿透，口渴难耐，为了进入哈康国王湾，他们设法挤进了罗莎角（Cape Rosa）的一个狭窄海湾内——也就是前者在东南方的分支。在这里，他们跌跌撞撞地爬上岸，立即就获得了奖品——一小股淡水，此时，距离他们离开象岛已有整整17天了。沙克尔顿写道：“这是一个令人狂喜的时刻。”

169

众人在这个小海湾内休息了四天，那里有遮风避雨的地方，还有可以生火的流木，看到所有人都晒干了，沙克尔顿等人才开始商量下一步行动计划。绕过这个岛继续向北航行是最佳选项，但这样做风险太大了，沙克尔顿怀疑虚弱的麦克奈什和文森特能否挺过这次旅程。因此，他打算与沃斯利（他曾在新西兰和阿尔卑斯山有过登山经验）和克林一起从内陆向北行进，徒步翻越冰封的群山。麦卡锡会留下来照顾病人，他们口粮充足，还可以猎取当地野味作为调剂。他们已经猎杀了不少信天翁雏鸟和海象，从而获得了大量新鲜肉食。

在狭长海湾的北端，沙克尔顿一行人看到了一条被积雪覆盖的山鞍，附近有一条看上去很明显的上山路线。5月19日，三人就是从这条路线翻越群山的。

图中的罗盘在“詹姆斯·凯尔德号”的航行中起到了至关重要的作用。在看不到陆地的情况下，船员们只能依靠它和旗帜所显示的风向来确定自己的位置——特别是在夜间盲目航行的时候。

出发之前，三人先于15日把“詹姆斯·凯尔德号”开到了海湾北端，然后把它翻过来，利用其船体，他们在这片新的海滩搭建了一间小屋，并命名为“辟果提营地”（以狄更斯笔下的人物辟果提命名）。他们的目标是到达位于斯特罗姆内斯湾（Stromness Bay）上游胡斯维克（Husvik）的永久捕鲸站，目前他们距离此地只有大约32千米。然而，这只是理论上的距离而已。实际上，当时是冬天，这个岛屿十分贫瘠，而且气候变化无常，其中央山脉尚未被绘制地图，而且被冰川覆盖，海拔高度当时也还不为人知（实际海拔为914米）。除了身体虚弱之外，三人也没有合适的登山装备，为了提升自己靴子的抓地力，他们把来自“詹姆斯·凯尔德号”的旧螺丝嵌在靴底，这也是他们唯一的应对措施了。除此之外，他们仅有的装备就是罗盘、海岸轮廓图、一根15米长的绳子和麦克奈什的木工锛子（被队员们当作冰镐使用）。他们每人携带了三天的口粮和一台普里默斯便携式汽化炼油炉，但没有携带睡袋。沙克尔顿打算利用满月的机会，日夜兼程，一次性抵达目的地，只花费少量时间休息和进食。由于天气状况不佳，三人推迟了出发时间，但此后的天气却出奇的好，只是晚上很冷，有时还会有雾。

不要说沙克尔顿失败了……他是一个具备崇高勇气、坚定决心和不屈耐力的榜样人物，这样的人怎么会失败呢？

——罗阿尔德·阿蒙森

170 从夜里两点开始，三人沿着危险的冰鞍前进了300多米，约6个小时后，他们就看到了荒芜的波塞申湾（Possession Bay），它也是众多排列整齐而狭长的峡湾的最西端，这些峡湾贯穿了全岛的北海岸。从那以后，旅程变得越来越艰难，由于下山路线的坡度过陡，他们被迫返回山顶，并谨慎地向东穿过另一道高高的山脊，然而，事实证明，这个山脊的前三个山口都是无法折返的，因此他们只能硬着头皮继续走下去了。19日晚些时候，三人已经来到了第四个山口，当他们用锛子在冰上凿出台阶，以继续向下走时，光线开始变暗，他们冒险把绳子盘绕起来，垫在屁股下当作雪橇，从长达460米的斜坡上小心翼翼地滑了下去，以避免在黑暗中被困于山口上方——那样的话他们会面临更大危险。当天夜间，三人再次迷失了路线，他们冒失地在福图纳湾（Fortuna Bay）的西侧下了山，但接下来只能沿着海岸线走，无法深入内陆，于是，他们不得不再次爬上另一个锯齿状的山脊。经过大约22个小时的行进，三人终于接近了山顶，沙克尔顿让其他人小睡了一会儿，自己则在一旁守着，然后他们翻过山顶，远方斯特罗姆内斯（Stromness）上方的高地才终于映入他们的眼帘。20日早上7点，三人听到了微弱的工厂汽笛声，这实际上是从距离他们几千米远的一个捕鲸站传来的。

为了从福图纳湾的前端绕过去，三人还需要走最后一段短暂但无比艰险的路，他们把彼此绑在一起。再一次，沙克尔顿负责从冰墙上凿出台阶，以供三人下山，不过，他们当中只要有任何一人滑倒，都会把三个人拽到下方很远处的大海里。所幸的是，三人有惊无险，终于在上午时分下降到了一个海滩。不过，他们还需要越过一道海拔460米的山脊才能到达斯特罗姆内斯，沙克尔顿现在认为前往此地比前往胡斯维克要更容易一些。令三人欢欣鼓舞的是，到下午早些时候，斯特罗姆内斯湾终于出现在他们下方。在下山的过程中，他们掉进了一条山间溪流中，三人顺着瀑布滑落了整整10米，身上的安全绳已经绷到了最紧，幸运的是，三人都安然无恙，但这些绳索已经无法继续使用了。在出发 36 小时后，大约下午 4 点，三人走进了捕鲸站——位于“坚忍号”被冰封的地方以北 2415 千米——他们终于回到了现实世界，但这个世界已经被战争永远改变了。

“叶尔丘号”（Yelcho），1916 年 5—8 月

虽然沙克尔顿探险的最后一幕发生在 1917 年，当时他搭乘“极光号”前往南极营救罗斯海探险队，但“坚忍号”这出大戏的最后一幕却发生在某个鲜为人知的角落。在三人到达的当晚，沃斯利睡在捕鲸船“大力士号”（Samson）上，当时该船已经在前往哈康国王湾的路上了，“大力士号”穿过暴风雪，平安抵达了目的地，当沃斯利到达留守人员的营地时，这些人起初并没有认出他，因为他已经清洗干净了。他们于 22 日星期一返回斯特罗姆内斯，并且带上了“詹姆斯 · 凯尔德号”，沙克尔顿对这一举动大为赞赏（1922 年，在沙克尔顿去世后，这艘船被赠送给他的母校——德威士学院，现在在那里仍然可以看到它）。

在他们缺席期间，沙克尔顿看中了一艘停泊在胡斯维克的英国蒸汽捕鲸船——“南天号”（Southern Sky），打算租借该船前往象岛以营救探险队的其余成员。5 月 23 日，沙克尔顿、沃斯利和克林在一名挪威船长英瓦尔 · 托姆（Ingvar Thom，由于他的船停泊在港内，因此他刚好有空去执行这次救援任务）的率领下随“南天号”出航，但就在该船靠近象岛的时候，却被厚厚的海冰挡住了，此时，他们距离该岛仅有 113 千米。然而，沙克尔顿没有返回南乔治亚岛，而是让托姆改道前往福克兰群岛[①]（Falkland Islands）的斯坦利港（Port Stanley），那里有一个有线电台，他通过《伦敦每日纪事报》（*London Daily Chronicle*）向全世界公布了探险队逃出生天的消息。此前，沙克尔顿与该报签订了商业合同。5 月 31 日，也就是日德兰战役打响的那一天，这一消

① 福克兰群岛：马尔维纳斯群岛。

从南极归来后的欧内斯特·沙克尔顿爵士，身穿皇家海军预备役制服。尽管恐怖的世界大战正在如火如荼地进行，但他奇迹般地从南极逃出生天，这是一剂将人们的注意力暂时从战争中引开的良方，因此更令人欣喜不已。

172

息登上了各大报纸的头版头条。随后，托姆驾驶“南天号”离开了，而沙克尔顿尽管受到福克兰总督的热情款待，但他却未能在斯坦利港找到合适的船只以进行一场新的救援。

此时，沙克尔顿在伦敦的支持者，包括《纪事报》编辑欧内斯特·皮尔里斯（Ernest Perris），已经在敦促高层官员采取行动以搜救失踪的探险队员。不过，海军部对此反应冷淡，这是可以理解的，这既是因为战争的原因，也是因为海军部在最近的日子里已经受够了应付这种混乱的局面。然而，随着沙克尔顿在伦敦的支持者直接与赫伯特·阿斯奎斯（Herbert Asquith）首相进行接触，以及1916年3月24日，“极光号”从冰层中逃脱后向澳大利亚发送无线电信号，救援行动实际上已经开始展开了，而整整两个月之后，伦敦才接到沙克尔顿的正式求援报告。为执行救援任务，海军现在开始重新装备“发现号”，但是海军没有任何意愿授权沙克尔顿来指挥这艘探险船。不过，对于沙克尔顿而言，他已经下定决心拯救自己的部下，并且同样坚持认为应该由自己来全面指挥救援行动。

通过斡旋，阿根廷政府派出从事渔业研究的拖网渔船“渔业研究所1号”（Instituto di Pesca No.1）再次尝试抵达象岛。这艘船于6月16日从斯坦利港将沙克尔顿、沃斯利和克林三人接走，但再一次被浮冰逼退。随后，该船又将三人送回了斯坦利港。这次，“渔业研究所 1 号”抵达了距离象岛仅有 32 千米的海域。

面对接二连三的失败，现在，三人只能乖乖待在斯坦利港，等待“发现号”的到来。7 月 1 日，他们将“阵地”转移到智利濒临麦哲伦海峡的蓬塔阿雷纳斯（Punta Arenas）。在这里，沙克尔顿迅速从英国社区和其他崇拜者那里筹集到一些资金，随后，他租用了一艘 75 吨的纵帆船“艾玛号”（Emma），并开始进行他的第三次救援。“艾玛号”于 12 日启航，其中一段航程由智利海军拖船“叶尔丘号”（Yelcho）负责拖曳，这次航行的某些方面令人联想起了前蒸汽时代。由于“艾玛号”的柴油发动机存在缺陷，它主要以风帆为动力航行。这次，两艘船又被浮冰挡在了距离象岛 160 千米的地方。然后，他们不得不闯过盛行西风带的惊涛骇浪，于 8 月 3 日返回斯坦利港。

“发现号”在 9 月底之前不可能到达，而远在伦敦的海军部却毫不动摇地认为沙克尔顿只能作为该船的一名乘客，因此他现在为自己的队员们而感到焦急万分。智利人再次派出“叶尔丘号”帮助沙克尔顿把“艾玛号”拖回了蓬塔阿雷纳斯，她于 8 月 14 日抵达该港。此时，沙克尔顿的健康状况再次出现了问题。不过，在那里，由于皇家海军姗姗来迟，沙克尔顿强烈渴望立即去营救自己的部下，这种执着打动了当地海军指挥官和他在圣地亚哥的上级，智利人特批沙克尔顿单独使用“叶尔丘号”再进行最后一次尝试。“叶尔丘号”排水量仅有 150 吨，实际上是一艘小型钢壳拖船，无论在船体结构还是机械上都没有得到很好的维护，当然更不是为在冰海中航行而设计建造的。但 8 月 25 日，沙克尔顿、沃斯利、克林与一群智利志愿者毅然再次登船起航。“叶尔丘号”的指挥官路易斯·帕尔多（Luis Pardo）中尉友好地将救援行动的指挥权让给了沙尔克顿，并明智地让沃斯利担任导航员。

173

这一次，当他们接近象岛时，浮冰不见了踪影，但大雾弥漫。在 8 月 29 日的夜晚，指挥官帕尔多中尉不得不赞同沙克尔顿冒险靠近陆地的决定，因为后者愈加担心继续拖下去，风和洋流可能会把浮冰又带回来。沃斯利的导航技术一如既往地出色，但他们这次是从自己不熟悉的象岛西侧而不是东侧接近，因而差点错过了维尔德角。好在这个问题很快得到了解决，30 日下午 1 点，众人来到冰川的出水口旁，四周情况十分平静，这令人感到担忧。沙

这个小小的菱形纪念章属于麦克林博士，作为留守人员，他一直待在象岛上。这枚徽章是为了纪念沙克尔顿于 1916 年 8 月 30 日进行的第四次救援行动。当时，麦克林等人终于被智利海军拖船“叶尔丘号”救起。

克尔顿刚想乘小船离去，突然一群因激动而号啕大哭的人来到了岸边，他们几乎已经放弃了希望。沙克尔顿将这些落难的探险队员接到小船上，并立即出发，自此之后，他再也不愿登上这片土地。

事实上，在维尔德的坚持下，这些留守象岛的探险队员早就做好了撤离准备，一接到命令就可以立即出发。不到一小时，所有人都登上了沙克尔顿的小船，营地的残存部分和“坚忍号”搭载的最后两艘小艇都被遗弃在了岛上，“叶尔丘号”则趁着好运气尚未耗尽，迅速冲向公海。1916 年 9 月 3 日，怀着胜利的喜悦，众人乘坐“叶尔丘号”返回了蓬塔阿雷纳斯港。他们受到了智利人、英国人、德国人和奥地利人的热烈欢迎，尽管这些人在战争中属于互相敌对的国家。沙克尔顿现在想的是，世界会对他这场“绝境逢生”的生存史诗做何反应，媒体将以他们为主角讲述一个什么样的故事？当然，沙克尔顿不想让舆论脱离自己的掌控，他已经在考虑预先奠定一个宣传基调了。

第八章

是终点也是起点

实际上，在第一次世界大战之前的几年中，参加南极探险竞赛的人非常多，许多国家都派出了自己的探险队，远远不止本书中反复出现的这三个名字。

推着雪橇旅行的安东·奥梅尔琴科，在南极巨大的布莱恩冰川的映衬下显得异常渺小。巨大的景观规模给极地摄影师们带来了挑战，他们不得不在照片中设置一些人员以展现这种落差感。照片由赫伯特·庞廷拍摄于 1911 年 12 月。

英雄落幕

由于在执行任务中殉职，斯科特得以在英国探险史上永垂不朽。人们通常认为“南极点争夺战”是势均力敌的两支探险队为了国家荣耀所进行的公平竞赛，因此，尽管斯科特最终不是第一个抵达南极的人，却仍然成为大英帝国的英雄。不过，在那以后，随着大英帝国的衰落，人们开始对斯科特的事迹进行重新评估，人们开始质疑：如果不是因为这场悲剧，斯科特的能力配得上他所获得的崇高荣誉吗？

175

当然，从历史的角度来批评斯科特是很容易的，但我们应该更公正地看待这一问题。与阿蒙森或沙克尔顿相比，斯科特的背景更为传统，他是英国人、海军军官和维多利亚时代的人，在某种程度上，这些因素塑造了他的个性，但也局限了他，使他成为个性的牺牲品。不过，如果斯科特换一种身份，比如像阿蒙森一样身为挪威人且怀着职业探险家的心境，或者像沙克尔顿一样身为一个不走寻常路的浪漫冒险家，马卡姆和他的委员会成员也就不会再支持他了。从科学角度看，斯科特的探险取得了广泛且重要的成果，但他缺乏阿蒙森那样的视野、技能和竞争精神，而阿蒙森正是凭借这些战胜他率先到达南极点的。斯科特也没有沙克尔顿那样与生俱来的领导天赋，尽管沙克尔顿的探险行动总是即兴发挥，而且难求一次成功，但他还是凭借这种天赋从中取得了更大的成就。我们还应该注意到的是，斯科特的性格是内省、敏感的，且兼具个人魅力和文学天赋，这与他所选择的职业，或至少与他所处的极端环境，在很大程度上是不相容的。这本身并不能说明什么，只能为我们提供一种暗示，但是，如果说这种矛盾有什么实质内容的话，可以说它更加深了斯科特一行人的悲剧本质，以及人们对他们英勇赴死的尊重。

然而，随着斯科特壮烈牺牲，以及在随后的世界大战中，无意义的牺牲被逐渐合理化，他在短时间内没有遭受到质疑。不过，阿蒙森和沙克尔顿就没有这么幸运了。两人之后所做的一切都无法与斯科特相提并论，尽管前者赢得了南极点争夺战，后者则是成功逃离了南极，但两人都不得不以惨淡的结局收场。

取得率先抵达南极点的荣耀后，阿蒙森继续对极地展开探索。他主持建造了一艘新破冰船“毛德号”（Maud）。从 1918 年 7 月起，他搭乘此船进行了穿越北冰洋的探险，历时长达 7 年。然而，由于风和海流变幻莫测，尽管“毛德号”成功穿过了东北通道（第二艘完成这一伟业的船只），却仅仅穿越了北冰洋的边缘，而且阿蒙森本人也没有完成整个航程。

在战争期间，年逾 50 岁的阿蒙森学会了驾驶飞机，从 1923 年开始，他不顾个人破产和其他种种困难，开始了一系列飞越北极点的尝试。1925 年，他和同伴们搭乘两架飞机试图飞越北极群山，结果遭遇突发情况迫降，其中一架飞机严重受损。更糟糕的是，他们险些就被困死在着陆点。不过，第二年，阿蒙森和意大利人普里莫 · 诺比尔（Primo Nobile）乘坐意大利制造的飞艇“挪威号”（Norge）成功地飞越了北极点，他们从斯匹次卑尔根岛（Spitzbergen）一直飞到了阿拉斯加（Alaska）。这次飞行使得阿蒙森日渐低落的声誉和公众知名度有所提升，但他随后与诺比尔和其他人发生了争吵。事实上，阿蒙森在最后几年中陷入了愈加孤立无援的境地，被迫忙于清偿债务。尽管阿蒙森成功飞越了北极点，但不幸的是，他在 1927 年出版的自传中因为语气过于尖刻，并没能提升他的公众形象。

1928 年，诺比尔乘坐“意大利号”（Italia）飞艇再次飞往北极点，但在返

以挪威皇后的名字命名的“毛德号”探险船。该船建于 1916 年，由阿蒙森设计，他打算搭乘其完成漂流北冰洋并寻找北磁极的计划。然而，“毛德号”最终却成功穿越了东北通道。

1926 年，“挪威号”飞艇飞越北极时的情景，搭乘该飞艇的人当中，阿蒙森和维斯廷成为当时仅有的两位既看到过南极点又看到过北极点的人。

沙克尔顿探险队罗斯海分队的七名幸存者，从左至右分别为：安德鲁·杰克、亚历山大·史蒂文斯、里奇·理查兹、哈里·欧内斯特·维尔德、欧文·加兹、欧内斯特·乔伊斯和约翰·科普。照片中，沙克尔顿和“极光号”的船长约翰·金·戴维斯（图中最右侧）站在一起。当“极光号”被大风吹离海岸后，整个团队都蒙受了巨大的损失。然而，他们还是尽力完成了任务，成功为沙克尔顿分队布设了仓库，这证明了他们的毅力和勇气。

尽管在“探索号”项目启动的时候，沙克尔顿的身体状况就已经每况愈下了（图为他站在“探索号”甲板上拍摄的照片），但1922年1月5日，他的突然离世还是让人感到震惊。曾陪同他数次前往南极进行探险的弗兰克·维尔德称这是“一个令人震惊的打击”。

回时失踪。为了维护个人荣誉，阿蒙森立即参加了随后进行的协调不佳的救援行动，鉴于阿蒙森的国际声誉，法国派出一艘“莱瑟姆”飞艇载着船员去展开营救。

1928年6月18日，阿蒙森与他的队友——飞行员莱夫·迪特里克松（Leif Dietrichson）以及由勒内·吉尔博（René Guilbaud）艇长率领的4名法国船员一起乘坐“莱瑟姆”飞艇从特罗姆瑟（Tromsø）起飞。从此之后，他们就消失得无影无踪了，再也没有出现过。几个月后，人们发现的残骸表明他们曾经在海面上迫降，但随后发生的事情，以及众人是如何遇难的就只能依靠想象了。尽管以悲剧落幕，但对阿蒙森来说，这似乎是冥冥中注定的结局。值得一提的是，诺比尔并没有遇难，他后来被另一支救援队成功营救。

1916年，从南极逃出生天回到南美的沙克尔顿和他的探险队员们受到了英雄般的欢迎。探险队员们最终在布宜诺斯艾利斯分手，沙克尔顿前往新西兰与“极光号”会合，以继续营救罗斯海分队。救出罗斯海分队后，众人于1917年2月9日返回惠灵顿，并再次受到热烈欢迎。随后，沙克尔顿先是前往美国进行演讲，然后于5月返回英国。与之前相比，这次他显得格外平静。沙克尔顿已经意识到由于长期缺席战争，自己受到了一定程度的批评，一篇报道指责他说：“一直在冰山上瞎折腾”，因此他一回英国就积极寻求在战争中发挥作用。

起初军部并没有同意他的要求，但在1917年10月至1918年春天期间，他被派往南美洲以替英国执行宣传任务。1918年7月，沙克尔顿从南美回国后被任命为陆军临时少校，并参与了一次半商业性的远征，以建立英国与斯匹次卑尔根岛的联系，维尔德和麦克罗伊也参与了这项行动（后者因为在伊普尔战役中受伤现在已经从军队中退役）。

在北极岛屿，沙克尔顿突然被叫回国，并接到一项新任务：负责组织前往摩尔曼斯克（Murmansk）的军事运输事宜。在世界大战结束后，英国打算继续利用这一运输路线对俄国地方政府进行持续支援，以利用其对抗布尔什维克。沙克尔顿对军运计划进行了扩展，如果这些计划能够顺利实施，沙克尔顿便有了一块在战后可以大展拳脚的领域。然而，不出所料，1919年3月，沙克尔顿被调回英国，同年晚些时候，随着英国军队撤离，之前的努力全都白费了。

和平再次降临了，寻求一份收入又成为沙克尔顿生活的主要基调，从1919年12月到1920年5月，他先是做了一轮关于“坚忍号”远征行动的讲座，日程安排得十分辛苦。如前文所述，沙克尔顿的工作还包括在爱乐音乐厅为赫尔利的杰出默片《在极地冰川的夹缝中》提供现场解说，每天两次。1919年12月，沙克尔顿关于这次探险行动的新书《南方》（还是由爱德华·桑德斯代笔）出版，广受好评。然而，沙克尔顿没有得到任何好处，他把版税转让给了他的一个债权人的继承人，此人远比前债权人要更无情，而且“坚忍号”还有许多其他债务——有一些他永远也无法还清了。此时，沙克尔顿的婚姻也已经

“探索号”的船员中有一些人曾经参加过沙克尔顿之前组织的探险队。这艘船并不适合南极周边海域恶劣的条件，大大限制了探险队实现目标的能力。

“探索号”上沙克尔顿的舱室。根据探险队内一位名叫詹姆斯·马尔的童子军描述，这间舱室只是沙克尔顿的一间“海上卧室”。因为“它比一个华丽的包装箱好不了多少，它的长度仅有7英尺，宽度仅有6英尺……”

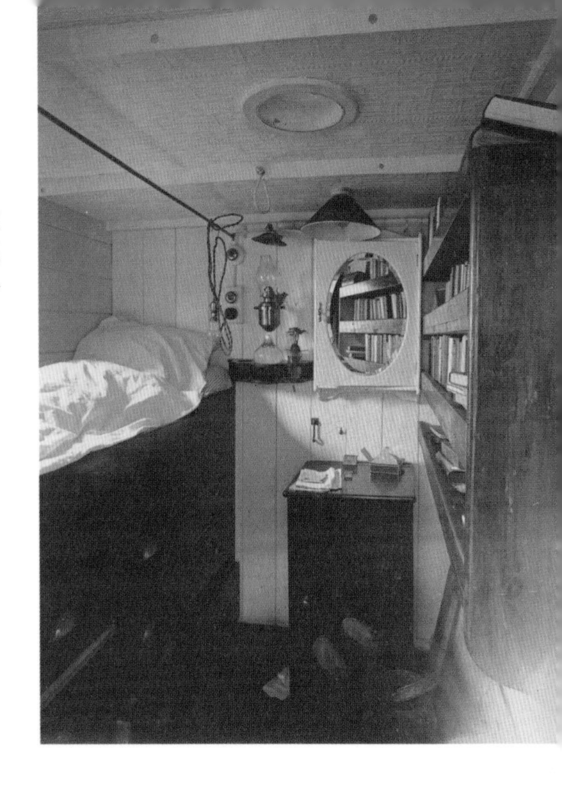

名存实亡，他和情人罗莎琳德·切特温德过着愈加无所依靠的生活，有时候只能四处漂泊。此外，沙克尔顿还染上了酗酒和吸烟的毛病，令他看上去明显变得苍老了。

181

1920年初，沙克尔顿说他还想再看看极地的风景，并制订了前往加拿大北极地区进行探险的计划，一位富有的前校友约翰·奎勒·罗伊特（John Quiller Rowett）答应向他提供支持。不过，当加拿大政府支持沙克尔顿的承诺难以兑现时，罗伊特慷慨地同意了一份不完整的替代计划，即绕行南极洲并确定各种不知名岛屿的具体位置。仅仅3个月的时间，沙克尔顿便搭乘一艘排水量125吨的捕海豹船“探索号”（Quest）启航，踏上了自己最后一次旅途。为此，沙克尔顿将一群老朋友重新聚在了一起（其中一些人连“坚忍号”探险队时期的报酬都还没有收到），包括维尔德、沃斯利、麦克林、麦克罗伊和赫西，还有一些新面孔。1921年9月21日，他们从伦敦出发，途经普利茅斯（Plymouth）、马德拉群岛（Madeira）和里约热内卢（Rio de Janeiro）。沙克尔顿现在的健康状况显然很差，他越来越无精打采，时常会陷入思乡的情绪当中，这引起了医生们的担忧。在里约热内卢，他心脏病发作，但多次拒绝接受检查。

1922 年 1 月 4 日，风和日丽，挪威老朋友们在古利德维肯盛情款待了重返南极的沙克尔顿一行人，双方共同度过了一个美妙的夜晚。沙克尔顿已经承认他此后没有明确的计划，麦克罗伊后来回忆说："在离开普利茅斯时，尖锐的汽笛声响了起来，催促沙克尔顿赶快起航，他随即说道：'那是我的丧钟吧。'" 1 月 5 日凌晨，在"探索号"上，麦克林医生接到沙克尔顿的紧急电话，发现他又一次心脏病发作。与以往很多次一样，麦克林告诉沙克尔顿必须改变他的生活方式。"你总是想让我放弃一些东西"，沙克尔顿说，"这次你又想让我放弃什么呢？"医生回答说："是酒精，老板，我认为它不适合你。"

这是他们最后一次交流。几分钟后，沙克尔顿就去世了，离他 48 岁生日只有三个星期。在赫西的护送下，沙克尔顿的遗体被送回祖国安葬，但刚到蒙得维的亚（Montevideo）就停下了。在那里，赫西收到了艾米莉的信息——她永远是一位宽容和善解人意的妻子，艾米莉称应该把丈夫留在他心之所属之地——南大洋。于是，1922 年 3 月 5 日，沙克尔顿被安葬在南乔治亚岛古利德维肯的挪威捕鲸者墓地中，令人始料未及的是，这座在沙克尔顿整个探险生涯中最为偏僻的中转站竟成了他最后的港湾。

182

南极探险的遗产

斯科特、沙克尔顿和阿蒙森所留下的遗产至今仍然历历在目。随着市面上林林总总的传记对三人的个性、他们所下的决定，以及他们的技能和所取得的成就进行分析，人们对这些探险家的兴趣仍在持续。随着时间的推移，这三人的声誉都有所起伏，有些人比其他人更能经受住批评，另一些人则不得不依靠传记作者来挽回声誉。例如，为了对罗兰 · 亨特福德（Roland Huntford）于 1979 年所作的传记进行回应，雷纳夫 · 法因斯（Ranulph Fiennes）爵士于 2003 年依据自己的经历撰写了一份斯科特的生平，罗兰曾对斯科特和阿蒙森进行了比较，并因对斯科特进行尖锐的批评而引发了广泛争议。长期以来，沙克尔顿的声誉被斯科特所掩盖，但近年来，人们开始以他为例诠释团队领导的能力，特别是逆境中的领导能力。阿蒙森对英国人来说一直是个难缠的人物，之前英国人一直觉得他是一个没有体育道德的冒险家，他率先到达南极点，偷走了斯科特的“王冠”，但最近出版的一本阿蒙森传记一反这种脸谱化的描述，为读者展现了一个更加复杂的阿蒙森。

2002年，英国广播公司BBC播出的节目《100个最伟大的英国人》可以说是公众对斯科特和沙克尔顿的看法的很好总结。在节目中，沙克尔顿排在詹姆斯·库克（James Cook）船长之前，位于第11位，斯科特则排在第54位。这些人物还为影视剧提供了灵感，例如，约翰·米尔斯（John Mills）主演的电影《南极的斯科特》（1948），以及第四频道播出的《沙克尔顿》（2002）等电视节目，后者再现了1914年“坚忍号”探险队的经历和众人搭乘“詹姆斯·凯尔德号”的奇迹之旅。上述作品均利用探险家们自己的话语增强了影片的真实性和人们的期待感，并且为观众打开了一扇窗户，让他们有机会对探险家的世界一探究竟。另外，这些影片也以时人拍摄的素材为基础，尤其是庞廷和赫尔利的作品。当这些关于南极探险的影视作品播出后，现代观众就可以切身感受到探险家在精神和身体上所承受的压力了。2013年，在“和伤残军人一同远征南极”活动中，21名有身体残疾或认知障碍的军人与哈里王子一起前往南极。探险队成员必须成功克服极端的自然条件以及他们自身的残疾。与此同时，电视上关于南极野生动物的纪录片也越来越多，人们可以亲眼看到这些壮观的景象。在感受视觉冲击的同时，人们对南极也越来越熟悉，可以说利用这些节目，人们关于这片大陆的视野得到了前所未有的拓展。同样重要的是，人们在互联网上也可以获得大量有关南极洲的图片和信息。

183

184

前些年的“特拉·诺瓦号”和“弗拉姆号”探险队100周年（1910—2010）纪念仪式，以及“沙克尔顿与帝国跨南极探险队”（Imperial Trans-Antarctic Expedition，1914—2014）100周年纪念活动，再次提升了人们对这些探险家、他们的故事和他们的战友（即所谓“南极老兵”）的兴趣。这些活动的举办方式通常比较一致，都是利用公开讲述探险家事迹的方式来增进公众对其的了解。例如，作为斯科特极地探险100周年纪念活动的一部分，吉尔

沙克尔顿的墓地，位于南乔治亚岛的捕鲸者公墓。应沙克尔顿夫人的要求，他被葬在这里，周围是令他声名远扬的蛮荒旷野。

伯特·怀特小屋（Gilbert White House，位于塞尔伯恩）内的奥茨画廊（Oates Gallery）经过重新设计，于2012年向公众开放；2015年皇家地理学会的专项展览“坚忍之眼”（The Enduring Eye），利用弗兰克·赫尔利的非凡艺术摄影作品向新观众讲述了1914—1916年“坚忍号”探险的故事。这些周年纪念日也是我们集中获取新素材并详细了解极地探险家们个人经历的好时机。斯科特极地研究所（Scott Polar Research Institute）成功取得了购买照片的资金支持，并在不久后获得了斯科特上校在最后一次探险中拍摄的底片。这些摄影作品从斯科特自己的视角展示了探险队南下旅途中的生活。

虽然之前传记作者们把研究重点放在几个探险队的领袖身上，但现在他们已经开始将更多关注点放在跟随探险的其他科学家、水手和冒险家身上。这些人也曾在探险中，将自己的生命置之度外。而要想全面地了解早期南极探险的情况，对探险队的成员和他们的经验进一步研究是必不可少的。这些人有时被沙克尔顿对诗歌的热爱在这段墓志铭中得到了体现。他引用了 A.C. 斯温伯恩和罗伯特 · 勃朗宁的诗句，向沙克尔顿探险队罗斯海分队补给点布设分队的成员麦金托什、斯潘塞 – 史密斯和海沃德致敬。

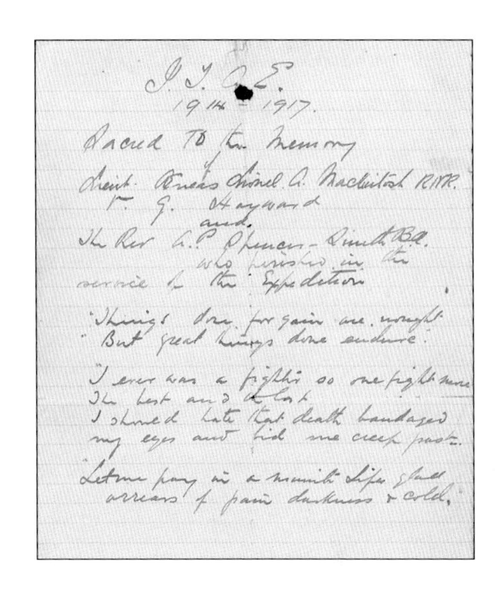
I. T. A. E.
1914 – 1917.
Sacred to the Memory
of
Lieut. Aeneas Lionel A. Mackintosh RNR.
V. G. Hayward
and
The Rev A. P. Spencer-Smith BA.
who perished in the
service of the Expedition.

"Things done for gain are nought
But great things done endure."

"I was ever a fighter so one fight more
The best and the last
I should hate that death bandaged
my eyes and bid me creep past."

"Let me pay in a minute life's glad
arrears of pain darkness & cold.

称为“斯科特人”或“沙克尔顿人”，他们不仅经常受到探险队领袖的鼓舞，而且自己的事迹也激励着其他人。那些阅读他们事迹的人当中，甚至有一些会造访南极，以试图了解南极对于前者的吸引力究竟是什么，并亲身体验严酷的环境。

在过去的 15 年间，前往南极洲旅游的人数（主要通过专门的极地游轮前往南极）从 2002—2003 年的 17543 人（登陆和留在船上的游客的总和）增加到 2013—2014 年的 37405 人。这一时期，南极旅游人数的高峰出现在 2007—2008 年夏季，有 46069 人造访了南极地区，其中 33054 人在岛屿或大陆上登陆。相比之下，在 100 年前的 1907—1908 年，尤其在沙克尔顿率领“1907 年英国南极探险队”登陆期间，整个大陆只有 15 人住在罗伊兹角。随着旅游业的增长，我们需要谨慎应对由此带来的影响，尽量减少旅游业对环境的破坏，并努力保护人文遗迹（探险队遗留的小屋）、陆地景观和海洋环境。

许多早期南极探险队建设的科考站和探险小屋，以及在那里留下的其他东西，现在均已被妥善保护起来，或正在修复当中，这反映了它们现在的性质已经变为一种纪念历史建筑。保护工作的范围还在不断扩大：从纸张、织物到令人回味的品牌包装、罐头食品和各类设备等。其中一些探险小屋和站点由总部设在剑桥的英国南极遗产信托基金会（UK Antarctic Heritage Trust，成立于1993年）负责管理，该机构还辖有一艘旗舰，专门负责在夏季运载旅客前往南极，其基地就位于洛克罗伊港（Port Lockroy）。这是1944年“塔巴林行动”（Tabarin Operation）期间建造的一个前进基地，该行动是英军于二战期间执行的一项秘密任务，主要目的是在南极建立永久军事基地。本书中提到的斯科特和沙克尔顿小屋现在由成立于1987年的新西兰南极遗产信托局（New Zealand Antarctic Heritage Trust）管理。这两个信托基金机构旨在保护和维修这些建筑物，以帮助后人欣赏这些南极的人文风景，并且了解它们背后的南极探险事迹。对于那些并不想亲身前往南极的人来说，工作人员已经为沙克尔顿和斯科特的探险小屋（分别建于1907—1909年和1911—1913年）拍摄了大量照片，因此游客完全可以依靠在网上浏览图片，想象自己身处“极地探险英雄时代”的生活。

在极地探险中，探险队员必须拍摄自己与赞助食品的合影，但现在斯科特和沙克尔顿的角色发生了转变，他们自己也成了品牌。“斯科特船长茶”最初是斯科特为1910年的探险行动而调配的，但现在还可以买到；还有沙克尔顿品牌的服装，灵感来自他在探险行动中所穿的衣物。另外，在对罗伊兹角的小屋（沙克尔顿于1907年在此居住）进行修复时，人们从一个箱子里发现了三瓶麦金利威士忌酒。专家在对这种混合威士忌进行分析后，重新推出了名为“麦金利沙克尔顿珍惜陈酿高地麦芽威士忌”（Mackinley's Shackleton's Rare Old Highland Malt）的酒品，以适应现代市场的需要。厂商们还把阿蒙森的名字与护肤产品和户外运动服装联系在了一起。

186

从各个方面来说，各种机构、部门和赞助者之所以支持这些探险活动，其主要出发点都是科研方面，即使这可能并不是他们的真实想法。斯科特当然是有科学头脑的，他对南极充满好奇，想了解更多知识。沙克尔顿则认识到，他需要科学家参与自己的探险活动，以此来使他追求“第一”的愿望合理化。同样，在讲述南极探险经历时，阿蒙森写道，“在这一小段弯路上，我只能让科学家们自己照顾自己了”，因为他将专注于抵达南极点。这有点不公平，因为这种说法忽略了搭乘“弗拉姆号”的科学家在鲸鱼湾登陆后所做的宝贵科研工作，以及留在位于罗斯海冰缘的南极基地（被称为“弗雷门海姆”）的人所做的气象记录。

全部三支探险队都进行了大量科研工作，其成果绝大部分在数年内发表。其中包括50多份来自“发现号”探险队的科学报告。沙克尔顿探险队的科学家们也于1910—1914年间在各种期刊上发表了他们的报告。这些科考先驱所取得的成果，可以为后来在南极工作的科学家们提供参考，他们可以将其作为研究南极气候和景观变化的基础，而且还可以了解天气条件是如何对斯科特从南极点返回的队伍产生影响的。目前，专家们已经将乔治·辛普森等科学家以及众多雪橇队所收集的气象和温度读数，与1986—1999年间自动化设备所收集的数据进行了比较。例如，苏珊·所罗门利用这些记录对斯科特最后一次探险进行了分析，她对1912年3月的特殊天气和温度模式对“极点队”的返程所产生的巨大负面影响进行了强调，并诠释了其背后的原因。

187

科学家们还广泛收集了来自英国、法国、比利时和德国的多艘科考船的航海日志，以分析1897—1917年间夏季南极大陆周边海冰的覆盖范围。科学家们将该数据与1989—2014年的卫星数据进行了对比。科学家们得以利用上述成果改进自己对夏季南极海冰极限位置的测绘，并试图通过了解南极海冰极限在较长时间内的改变趋势来了解气候变化对南极的影响。在个人层面上，蒂姆·贾维斯（Tim Jarvis）于2013年重演了沙克尔顿乘船旅行和穿越南乔治亚岛的全过程，并对过去100年的气候变化进行了强调。自1916年以来，南乔治亚岛的冰川已经后退了97%的距离，这导致贾维斯团队穿越的实际上是一道裂缝密布的冰川，而不是沙克尔顿所提到的广袤雪原。更令人担忧的是，由于国王冰川（König Glacier）后退得太远了，研究小组甚至在它原来的位置上发现了一片高山草甸。

如今的许多科学机构都要感谢这些早期探险队，因为它们开创了南极科学的各项议程。在英国，有一个名为“不列颠南极调查局”的机构，它的历史可以追溯到第二次世界大战期间的“塔巴林行动”。然而，“不列颠南极调查局”的精神传承实际上始于早期极地科学家所进行的开创性研究。战后，“塔巴林行动”仍在继续，但转变为对英国属地——马尔维纳斯群岛进行调查，随后，其将职权范围扩大到科学和探险领域，但直到 1962 年才最终演变为不列颠南极调查局。目前，该机构主要致力于国际合作，共同对南极展开科学研究，这足可以告慰一战前的南极探险先驱们了。

与斯科特和沙克尔顿领导的探险行动有直接联系的机构是斯科特极地研究所。它成立于 1920 年，是为了纪念斯科特上校和他的同伴们而成立的，主要工作是进行与极地有关的自然和社会科学研究。研究所的第一任主任是弗兰克 · 德本赫姆（Frank Debenham），他曾在斯科特 1910 年探险队内担任地质学家。当时，德本赫姆还得到了 1910 年探险队队友——另一位地质学家雷蒙德 · 普利斯特列（Raymond Priestley）和 1914 年沙克尔顿探险队的地质学家兼首席科学家詹姆斯 · 沃迪（James Wordie）的支持。后来，詹姆斯 · 沃迪还曾大力支持过 1955—1958 年的英联邦跨南极探险队，这次探险实现了他和沙克尔顿在 1914 年的目标。事实上，上述早期探险队还留下了一个更重要的科学遗产，即它们培养了大量拥有南极探险经验并了解南极的科学家，在这些科学家的支持和鼓励下，下一代科研人员又成长起来，其影响力甚至一直持续到 20 世纪下半叶。

188

在 1957—1958 年国际地球物理年期间开展的为期 18 个月的研究计划，证实了南极大陆对于科学研究的重要性。国际地球物理年成功促成了 1959 年《南极条约》的签订，该条约于 1961 年生效，消弭了当时超级大国之间关系紧张以及在政治上互相敌对对南极科研所造成的负面影响。该条约确认，“南极洲应永远只用于和平目的，不应成为国际争端的场所或对象”，并将南极洲的定义范围扩展至整个南纬 60 度以南的区域。此外，该条约还禁止各国在南极进行军事活动，比如建立军事基地或防御工事等，并且禁止进行核试验和处理核废料。重要的是，根据条约规定，各国分派的科研人员将互相帮助并分享南极探索的成果，这促进了各签约国之间的国际科研合作。为了使该条约顺利实施，签约国必须同意“冻结”自身的领土主权要求，特别是在各国声称的领土主权发生重叠的地方。该条约还阻止各国在南极进一步的领土扩张，至少到条约期满前都是如此。1959 年，《南极条约》只有 12 个签约国，但目前已经扩展至54个成员国。此后，各国还逐步创立了一整套南极条约体系，后续条约均与《南极条约》相关联，以确保该大陆成为一个充满和平、适用于科学研究的自然保护区。目前，南极有近80个科考站，其中约40个是常设基地，由31个国家管理（在某些情况下是共享的）。

国际地球物理年的科学探索项目之一就是南极陆地探险，这与阿蒙森、斯科特和沙克尔顿所领导的探险行动可谓一脉相承。其中，频频登上新闻短片和电视节目，也是最为重要的一支探险队是由维维安·富克斯（Vivian Fuchs）博士和埃德蒙·希拉里（Edmund Hillary）爵士率领的高度机械化的英联邦跨南极探险队（1955—1958年），该探险队首次实现了穿越南极大陆的伟业，距离沙克尔顿首次尝试只有半个多世纪。1957年11月，富克斯一行12人离开他们在威德尔冰缘的临时营地——“沙克尔顿基地”（Shackleton Base），用99天时间走完了3508千米的路程，抵达了新建的新西兰斯科特基地（New Zealand Scott Base），该基地距离斯科特于1902年在麦克默多湾罗斯岛上建立的小屋非常近。与此同时，希拉里团队从麦克默多湾出发，一路向南布设补给点，并朝着极点前进，1958年1月3日，希拉里一行人抵达南极点。实际上，希拉里此举并不包含在计划之内，但他们还是坚持走到了那里，这也使其成为自斯科特以来第一个从陆路抵达南极点的团队。1956年，第一批美国人乘坐飞机抵达南极点，此后，他们在极点建造了阿蒙森—斯科特站（Amundsen–Scott Base），为国际地球物理年做准备。如今，利用该站，人类在极地科考方面取得了极大的进展，值得一提的是，它是由美国人从麦克默多站（McMurdo Station）空运过来的材料建成的，它也是为国际地球物理年建造的，位于罗斯岛，靠近斯科特于1902年建立的小屋。

189

在国际地球物理年的激励下，各国纷纷派遣探险队前往南极。例如，苏联于1957—1958年派出的陆地探险队同时到达了（当时的）南磁极和海拔3658米、距离海岸线2012千米的“难抵极”（the Pole of Relative Inaccessibility，即距离海洋最远的点）。苏联人边走边开展科研工作，他们还对南极大陆的未知区域进行了测绘。从那时起，至少有十支探险队穿越了南极大陆。1980—1981年，雷纳夫·法因斯（Ranulph Fiennes）爵士率领一个三人小组，即“英国环球探险队”在南极登陆，他们利用雪上摩托车牵引雪橇，沿着子午线迅速前进，耗时 67 天穿越南极大陆。似乎觉得这还不够，1992 年，法因斯爵士和迈克・斯特劳德（Mike Stroud）博士重返南极，共同完成了在没有支援情况下穿越极点的壮举——这也是人类首次。这次，他们在 95 天内行进了 2170 千米。威尔・斯特格（Will Steger）与一支由 6 人组成的国际团队在 1989—1990 年进行了史上路程最长的南极陆上探险，他们从南极半岛顶端途经南极点一直走到了东海岸的俄罗斯和平站（Russian Mirny Base）——距离长达约 5955 千米，耗时 7 个月。与这些穿越南极大陆的超长距离相比，阿蒙森夺取南极点争夺战胜利的那次，是从罗斯海冲到阿克塞尔・海伯格冰川，其距离大约 1300 千米。斯科特一行人则沿着比尔德莫尔冰川艰难跋涉——一位作家称之为“南极大发现的苦路”，其总距离为 1416 千米。

近年来，南极陆上探险的性质已经发生了变化，其个人色彩更加浓厚，更加强调首次摘取某项桂冠——如采取特殊的运输方法和路线，以及人员组成特殊等，而不仅仅是为了科学目的。对于现代人而言，南极旅行已经成为一种“自我实现”的方式，或者是支持慈善事业的手段，后者可以通过寻求赞助来支撑旅行的成本。举几个例子：尽管女性参与南极科考已经有数十年的历史，但 1989 年，美国人维多利亚・默登（Victoria Murden）成为第一个从陆地滑雪抵达极点的女性。在 2013—2014 年，丹尼尔・伯顿（Daniel Burton）成为第一个骑自行车抵达极点的人，其旅程长达 1247 千米。而从海岸出发完成全部旅程的、最年轻的人（迄今为止）是刘易斯・克拉克（Lewis Clarke），他在 2014 年 1 月 18 日抵达极点时只有 16 岁零 61 天。还有一小群人是受到家庭的激励才前往南极的——他们的家庭与南极颇有渊源，比如帕特里克・伯格尔（Patrick Bergel），沙克尔顿的曾孙。2017 年初，为了纪念沙克尔顿 1914—1917 年的壮举，伯格尔驾驶一辆经过改装的现代“圣达菲”轿车首次成功横穿南极。同样，2015 年 12 月，詹姆斯・沃迪爵士的孙女爱丽丝・霍姆斯（Alice Holmes）同丈夫戴维－亨普尔曼・亚当斯（David Hempleman-Adams）一起利用步行和滑雪完成了最后 160 千米的旅程，成功抵达南极点。她的动机首先是带有一种完成先辈“未竟的事业”的意味，并希望利用这次旅行所筹集的资金将沃迪爵士的日记和1914年帝国跨南极探险队的其他文件数字化，从而作为一种文化遗产永久保存。然而，必须要指出的是，许多前往南极点的此类“挑战”，其旅程都是单程的，因为他们返回时需要搭乘飞机。

在其他方面，这些现代探险队也与斯科特、沙克尔顿和阿蒙森的团队存在显著区别。首先，现代探险队几乎不用提前在南极大陆布设补给点以进行后勤支援，尤其是现代英国探险队在抵达南极大陆之前几乎都不用进行适应性训练。虽然探险活动的风险仍然相对较高，但现代通信技术的发展意味着一旦遇险可以迅速通知有关部门，在南极的夏季，几天内空中救援就可以到达。此外，一些国家向南极派驻了支援小组，可以立即开展救援行动。然而，在冬季的几个月中，情况就完全不同了，留在科考站的科学家们都知道：到了冬季，他们就几乎只能依靠自己了。罗恩・谢门斯基（Ron Shemenski）是一名物理学家，他于2001年冬天遇险并幸运地获救，他形容南极严冬中的阿蒙森－斯科特站是“一个比国际空间站更难到达的地方”。

191

不过，无论在一年中的什么时候，早期探险家们都必须自力更生，在与外界隔绝的情况下自行应对各种情况。例如，1915年，沙克尔顿一行人在座舰“坚忍号”沉没后就不得不想方设法自救。当时，英国政府打算重新装备并派遣一艘救援船南下，以从象岛救走沙克尔顿的部下，但这需要耗费大量时间，比沙克尔顿自己从南美洲出发去营救他们所需要的时间（包括三次失败的尝试）要长得多。而今天，前往南极已经不是一件很困难的事情，这也意味着在进行探险之前几乎不需要在南极越冬。这减轻了后勤保障方面的压力，并降低了相关成本。此外，探险队的衣物和装备也都历经了多次改进，在新技术的帮助下，它们变得更轻便、更坚固，但有些人出于实用的角度仍然喜欢用一些老装备，例如用绳索代替拉链，因为前者更容易修理。不过，技术进步并不能削弱今天探险家们的努力，他们仍在孜孜不倦地试图征服南极的某些方面，而只是令他们面临与前辈们不同的挑战而已，其客观上还证明了100多年前早期探险家们所取得的成就是有多么的伟大。

虽然科研人员在南极大陆部署了永久性的科考站，但其他大多数前往南极的人，其活动都是短暂的和季节性的。南极高原的内部依然广阔、荒凉、空旷，依然是一片荒漠，但它已经不再是未知之地。“英雄时代”的探险家和科学家们在那里开辟了道路，此后，在 20 世纪，来自众多国家的追随者们一直在沿着他们的道路继续前进，这些追随者们不仅拓宽了前辈的道路，还开辟了很多新路。直到如今，追随者们的脚步仍然没有停止。即使撇开人文历史和自然景观不谈，南极洲的环境对于全球气候的稳定也是至关重要的。目前，南极的科研人员正在地球科学、医学和天文学等众多领域开展研究工作，有理由相信，这片神奇的大陆将会一直处于公众的视野当中。

附录1　各探险队主要成员名录

1.“发现号”探险队，1901—1904 年

军官和科学家

罗伯特・法尔肯・斯科特（Robert Falcon Scott）：英国皇家海军上校，探险队队长

阿尔伯特・B. 阿米蒂奇（Albert B. Armitage）：英国皇家海军预备役中尉，领航员及探险队副队长

迈克尔・巴恩（Michael Barne）：英国皇家海军上尉，地磁学科学家

路易斯・C. 伯纳奇（Louis C. Bernacchi）：物理学家

哈特利・T. 费拉尔（Hartley T. Ferrar）：地质学家

托马斯・V. 霍奇森（Thomas V. Hodgson）：海洋生物学家

雷金纳德・科特利茨（Reginald Koettlitz）：外科医生

乔治・穆洛克 *（George Mulock）：英国皇家海军少尉

查尔斯・罗伊兹（Charles Royds）：英国皇家海军上尉，气象学家

欧内斯特・H. 沙克尔顿 *（Ernest H. Shackleton）：英国皇家海军预备役中尉（以及皇家海军准尉），测绘师和摄影师

雷金纳德・斯凯尔顿（Reginald Skelton）：英国皇家海军上尉（工程师），总工程师

爱德华・A. 威尔逊（Edward A. Wilson）：助理外科医生，艺术家和动物学家

见习军官（全部来自皇家海军）

托马斯・A. 费瑟（Thomas A. Feather）：水手长

詹姆斯 · H. 戴尔布里奇（James H. Dellbridge）：副总工程师

弗雷德里克 · E. 戴莱（Frederick E. Dailet）：木匠

查尔斯 · F. 福特（Charles F. Ford）：管事

海军士官（全部来自英国皇家海军）

雅各布 · 克罗斯（Jacob Cross）：海军军士

埃德加 · 埃文斯（Edgar Evans）：海军上士

威廉 · 斯迈尔（William Smythe）：海军军士

大卫 · 艾伦（David Allan）：海军上士

托马斯 · 肯纳（Thomas Kennar）：海军军士

威廉 · 麦克法兰 *（William MacFarlane）：海军军士

海员

阿瑟 · 皮尔比姆（Arthur Pilbeam）：英国皇家海军

威廉 · L. 希尔德（William L. Heald）：英国皇家海军

詹姆斯 · 戴尔（James Dell）：英国皇家海军

弗兰克 · 维尔德（Frank Wild）：英国皇家海军

托马斯 · 威廉姆森（Thomas Williamson）：英国皇家海军

乔治 · 克劳奇（George Croucher）：英国皇家海军

欧内斯特 · 乔伊斯（Ernest Joyce）：英国皇家海军

托马斯 · 克林（Thomas Crean）：英国皇家海军

杰西 · 汉斯利（Jesse Handsley）：英国皇家海军

威廉 · J. 韦勒（William J. Weller）：商船队，驯犬师

威廉 · 彼得斯 *（William Peters）：英国皇家海军

约翰 · 沃克 *（John Walker）：商船队

詹姆斯 · 邓肯 *（James Duncan）：商船队，造船木匠

乔治 · 文斯（George Vince）：英国皇家海军（于 1902 年 3 月去世）

查尔斯 · 邦纳（Charles Bonner）：英国皇家海军（于 1901 年 12 月去世）

司炉

威廉 · 拉什利（William Lashly）：英国皇家海军

阿瑟 · L. 夸特利（Arthur L. Quartley）：英国皇家海军
托马斯 · 怀特菲尔德（Thomas Whitfield）：英国皇家海军
弗兰克 · 普拉姆利（Frank Plumley）：英国皇家海军
威廉 · 佩奇 *（William Page）：英国皇家海军
威廉 · 休伯特 *（William Redingtor）：商船队

皇家海军陆战队

阿瑟 · 布利塞特（Arthur Blissett）：一等兵
吉尔伯特 · 斯科特（Gilbert Scott）：二等兵

平民

亨利 · 布雷特 *（Henry Brett）：厨师
查尔斯 · 克拉克（Charles Clarke）：厨师
克拉伦斯 · 黑尔 *（Clarence Hare）：二管事
霍勒斯 · 巴克布里奇 *（Horace Buckbridge）：实验员

注：以上名单取自斯科特所著的《"发现号"航行记》，其中包含那些只在南极度过了第一个冬天的人，他们的名字被标上了星号，在这些人当中，本书正文部分只提到了两个人——沙克尔顿和穆洛克。克拉克从布雷特手中接过了厨师的职责。尽管斯科特以海军的方式管理"发现号"，但在法律上，"发现号"只是一艘商船，其船员全部是志愿者，包括平民。

2."猎人号"探险队，1907—1909 年

欧内斯特 · H. 沙克尔顿（Ernest H. Shackleton）：探险队队长
埃奇沃思 · 戴维教授（Edgeworth David）：首席科学家
詹姆森 · 博伊德 – 亚当斯（Jameson Boyd-Adams）：气象学家
菲利普 · 布罗克赫斯特（Philip Brocklehurst）：助理地质学家和测量员
伯纳德 · 戴（Bernard Day）：汽车专家
欧内斯特 · 乔伊斯（Ernest Joyce）：负责管理雪橇犬、雪橇及设备
阿利斯泰尔 · 麦凯（Alistair Mackay）：外科医生和生物学家

道格拉斯 · 莫森（Douglas Mawson）：物理学家

贝特伦 · 阿尔泰奇（Bertram Armytage）：负责管理矮马

埃里克 · 马歇尔（Eric Marshall）：外科医生和制图师

乔治 · 马斯顿（George Marston）：艺术家

乔治 · 穆雷 – 莱维克（George Murray-Levick）：生物学家

雷蒙德 · E. 普里斯特利（Raymond E. Priestley）：地质学家

威廉 · 库克（William Cook）：厨师

弗兰克 · 维尔德（Frank Wild）：负责管理后勤补给品

3.“特拉 · 诺瓦号”探险队，1910—1912 年

罗伯特 · 法尔肯 · 斯科特（Robert Falcon Scott）：英国皇家海军上校，高级维多利亚勋爵士，英国皇家海军探险队队长

乔治 · P. 阿伯特（George P. Abbot）：英国皇家海军军士

W.W. 阿彻（W.W. Archer）：后来加入英国皇家海军，总管事

爱德华 · L. 阿特金森（Edward L. Atkinson）：英国皇家海军，外科医生和寄生虫学家

亨利 · 鲍尔斯（Henry Bowers）：英印皇家海军陆战队中尉

弗兰克 · V. 布朗宁（Frank V. Browning）：英国皇家海军二级下士

威尔弗里德 · M. 布鲁斯（Wilfrid M. Bruce）：英国皇家海军上尉

维克多 · 坎贝尔（Victor Campbell）：英国皇家海军上尉

托马斯 · 克利索德（Thomas Clissold）：后来加入英国皇家海军，厨师

托马斯 · 克林（Thomas Crean）：英国皇家海军军士

阿普斯利 · 谢里 – 加勒德（Apsley Cherry-Garrard）：助理动物学家

伯纳德 · 戴（Bernard Day）：汽车专家

弗兰克 · 德本赫姆（Frank Debenham）：地质学家

亨利 · 迪卡森（Henry Dickason）：英国皇家海军一级水兵

弗朗西斯 · R.H. 德雷克（Francis R.H. Drake）：英国皇家海军助理军需官

埃德加 · 埃文斯（Edgar Evans）：英国皇家海军上士

泰迪 · 埃文斯（Edward Evans）：英国皇家海军上尉
罗伯特 · 福尔德（Robert Forde）：英国皇家海军下士
德米特里 · 格罗夫（Dmitri Gerov）：雪橇犬驭手
特吕格弗 · 格兰（Tryggve Gran）：海军中尉，挪威滑雪专家
F.J. 胡珀（F.J. Hooper）：后来加入英国皇家海军，管事
W. 拉什利（W. Lashly）：司炉
乔治 · 穆雷 – 莱维克（George Murray-Levick）：外科医生
丹尼斯 · G. 利里（Dennis G. Lillie）：生物学家
塞西尔 · H. 米尔斯（Cecil H. Meares）：负责管理雪橇犬队
劳伦斯 · 奥茨（Lawrence Oates）：第六恩尼斯基伦龙骑兵团上尉
安东 · 奥梅尔琴科（Anton Omelchenko）：马夫
哈利 · 彭内尔（Harry Pennell）：英国皇家海军上尉
赫伯特 · 庞廷（Herbert Ponting）：摄像师
雷蒙德 · E. 普里斯特利（Raymond E. Priestley）：地质学家
爱德华 · W. 纳尔逊（Edward W. Nelson）：生物学家
亨利 · 德 · 雷尼克（Henry de Rennick）：英国皇家海军上尉
乔治 · C. 辛普森（George C. Simpson）：气象学家
格里菲斯 · 泰勒（Griffith Taylor）：地质学家
托马斯 · S. 威廉姆森（Thomas S. Williamson）：英国皇家海军下士
爱德华 · A. 威尔逊（Edward A. Wilson）：首席科学家，动物学家
查尔斯 · S. 莱特（Charles S. Wright）：物理学家

4.“坚忍号”探险队，1914—1916 年

欧内斯特 · H. 沙克尔顿（Ernest H. Shackleton）：探险队队长
威廉 · 贝克威尔（William Bakewell）：海员
珀西 · 布莱克伯罗（Percy Blackborrow）：偷乘者，后来担任服务员
艾尔弗雷德 · 奇特姆（Alfred Cheetham）：三副
罗伯特 · 克拉克（Robert Clarke）：生物学家

托马斯 · 克林（Thomas Crean）：二副

查尔斯 · 格林（Charles Green）：厨师

莱昂内尔 · 格林斯特里特（Lionel Greenstreet）：大副

欧内斯特 · 霍内斯（Ernest Holness）：锅炉工

沃尔特 · 豪（Walter How）：海员

休伯特 · 哈德森（Hubert Hudson）：二副

弗兰克 · 赫尔利（Frank Hurley）：摄影师

伦纳德 · 赫西（Leonard Hussey）：气象学家

雷金纳德 · 詹姆斯（Reginald James）：物理学家

艾尔弗雷德 · 克尔（Alfred Kerr）：副总工程师

蒂莫西 · 麦卡锡（Timothy McCarthy）：海员

詹姆斯 · 麦克罗伊（James McIlroy）：外科医生

托马斯 · 麦克劳德（Thomas McLeod）：海员

哈里 · 麦克奈什（Harry McNeish）：木匠

亚历山大 · 麦克林（Alexander Macklin）：首席外科医生

乔治 · 马斯顿（George Marston）：艺术家

托马斯 · 奥德 – 利斯（Thomas Orde-Lees）：英国皇家海军陆战队上尉，滑雪专家和仓库管理员

路易斯 · 里金森（Louis Rickinson）：总工程师

威廉 · 史蒂芬森（William Stephenson）：司炉

乔治 · 文森特（George Vincent）：水手长

弗兰克 · 维尔德（Frank Wild）：探险队副队长

詹姆斯 · 沃迪（James Wordie）：地质学家

弗兰克 · 沃斯利（Frank Worsley）：船长和领航员

附录2　各探险队主要成员小传

阿尔伯特·阿米蒂奇（1864—1943）：阿米蒂奇于1886年开始在P&O公司旗下的航线工作，在此之前，他是英国皇家海军“伍斯特号”上的一名候补军官。1894年，阿米蒂奇从公司辞职，然后担任杰克逊-哈姆斯沃思探险队的领航员，随队前往北极的弗朗茨·约瑟夫地，并在那里待了两年半。1896年，阿米蒂奇回到P&O公司，于1900年5月被任命为“发现号”探险队的领航员及探险队副队长。

爱德华·莱斯特·阿特金森（1882—1929）：1906年，在圣托马斯医院（St Thomas's Hospital Medical School）获得行医资格证后，阿特金森继续在哈斯拉尔皇家海军医院服役。1910年，他加入了“特拉·诺瓦号”探险队，并担任助理外科医生和寄生虫学家。1912年11月，他带领搜索队发现了斯科特一行人的遗体。在第一次世界大战期间，阿特金森被授予阿尔伯特奖章（Albert Medal），但由于在战争中受伤，他46岁时不得不从英国皇家海军退役。

迈克尔·巴恩（1887—1961）：迈克尔·巴恩于1893年加入英国皇家海军。加入“发现号”探险队时，他的军衔为海军上尉。“发现号”探险队解散后，巴恩曾试图组织自己的探险队前往威德尔海，但由于筹集不到足够的资金，他不得不放弃这个想法。由于双手被严重冻伤，他未能参加接下来的“特拉·诺瓦号”探险队。

路易斯·伯纳奇（1876—1942）：伯纳奇是塔斯马尼亚人，曾于1899年加入“南十字星号”探险队，并前往阿代尔角过冬。他以物理学家的身份加入了“发现号”探险队，负责对地震和地磁场进行研究。1938年，他出版了著作《“发现号”传奇》（*Saga of the 'Discovery'*）。

卡斯滕·埃格伯格·博克格雷温克（1864—1934）：博克格雷温克是挪威人，也是罗阿尔德·阿蒙森的儿时好友。1888年，博克格雷温克前往澳大利亚，在尝试了各种各样的工作后，于1894年与一艘挪威捕海豹船签约，成为其船员，并随船前往南极。1895年，捕海豹船航行至南极大陆附近，并派出一队人在阿代尔角登陆，这些人便成为人类历史上第一批登上南极大陆的人，博克格雷温克就是其中之一。受到自己经历的鼓舞，博克格雷温克决心成为首位在南极过冬的人。到1898年，他从英国赞助人乔治·纽恩斯爵士那里筹集了足够的资金，从而创建了“南十字星号”探险队，随后，其担任队长并率领部下重返南极。探险队员们成功地在阿代尔角度过了1899—1900年的冬天，然后乘雪橇南下，到达南纬78度50分的区域，在当时，这是人类所抵达的最南端。

亨利·罗伯逊·鲍尔斯（绰号“小鸟”，1883—1912）：鲍尔斯出身于一个苏格兰航海世家。他因其独特的鼻子而得到了“小鸟”的绰号。1897年9月，他被英国皇家海军“伍斯特号”招收为军校学员，但随后进入商船部门工作。1905年，他离开商船部门，加入英印皇家海军陆战队，并晋升为一名中尉。鲍尔斯阅读了斯科特关于“发现号”远征行动的记述后，对极地探险产生了浓厚兴趣，这种兴趣甚至一直保持到他去世为止。不久后，克莱门茨·马卡姆爵士推荐鲍尔斯参加“特拉·诺瓦号”探险队，此举还得到英国皇家海军“伍斯特号”前任指挥官的首肯。最终，鲍尔斯在跟随斯科特和威尔逊从极点返回的途中与他们一同牺牲。

威尔弗里德·蒙塔古·布鲁斯（1874—1953）：凯瑟琳·斯科特的弟弟，他在加入商船队之前曾在英国皇家海军“伍斯特号”服役，并担任候补军官。后来，他加入“特拉·诺瓦号”探险队，并协助米尔斯将被选中的雪橇犬和矮马从符拉迪沃斯托克运送到新西兰。

维克多·林赛·阿布斯诺·坎贝尔（1875—1956）：维克多·坎贝尔参加了“特拉·诺瓦号”探险队，经过挑选，他被斯科特任命为“东方分队”的队长，后来改称为“北方分队”。随后，他们在阿代尔角登岸——也就是博克格雷温克最初探索的区域。坎贝尔的绰号是“大副”或者“损友”，1912年的冬天，他和五名同伴在一个只有长 2.7 米宽 1.5 米的冰洞里度过了整整 7 个月，在这期间，他们与外界隔绝，并且缺乏足够的装备和口粮。后来，当他们乘雪橇行走了近 320 千米终于回到埃文斯角的时候，等待他们的却是一个噩耗：斯科特和他的 4 位同伴已经在 9 个月前遇难了。

阿普斯利 · 乔治 · 贝内特 · 谢里 – 加勒德（1886—1959）：1911 年，威尔逊选中绰号为“樱桃”的谢里 – 加勒德作为助理动物学家加入“特拉 · 诺瓦号”探险队，在寒冷的冬季，他与威尔逊和鲍尔斯一起进行了一次非同寻常的旅行，以收集帝企鹅蛋并进行研究。他对“特拉 · 诺瓦号”的探险历程进行了精彩描述，即《世界最险恶之旅》，于 1922 年出版。在书中，他表达了自己的悔恨之情：如果他能够违背命令，跑到“一吨”补给站之外去寻找斯科特一行人的雪橇队，他们是很可能会得救的。

威廉 · 罗宾逊 · 科尔贝克海军上尉（1871—1930）：科尔贝克是一个约克郡人，他在 1898 年与博克格雷温克一起航行至南极洲，这支所谓的“英国南极探险队”主要由斯堪的纳维亚人组成，队中仅有 3 位英国人，科尔贝克便是其中之一。此外，他还是随博克格雷温克一起到达“地球最南端”的人之一，以及“晨曦号”的船长，这艘救援船曾分别于 1902—1903 年和 1903—1904 年被派去释放和解救被浮冰冻结的“发现号”。

托马斯 · 克林（1876—1938）：克林出生在爱尔兰凯里郡的安纳斯考尔。身为一名能干的水手，克林很容易就通过了筛选，加入了“发现号”探险队，不久后，他更是凭借强壮的体格成为一名出色的雪橇手。“发现号”探险队解散后，克林曾回到英国皇家海军“堡垒号”服役，但很快就应斯科特的呼唤加入“特拉 · 诺瓦号”探险队。在新的探险行动中，克林因为救了泰迪 · 埃文斯的命而被授予阿尔伯特奖章。1912 年，克林从皇家海军退役，加入沙克尔顿的“坚忍号”探险队并重返南极。在此期间，他和 4 名同伴一起搭乘“詹姆斯 · 凯尔德号”驶向南乔治亚岛，然后又与沙克尔顿和沃斯利一起徒步穿越了这个多山的岛屿，以前往斯特罗姆内斯寻求救援。后来，他回到安纳斯考尔，开了一家名为“南极客栈”的酒吧。克林是一个身体和精神都异常坚强的人，他最后死于阑尾炎。

T.W. 埃奇沃思·戴维爵士（1858—1934）：虽然戴维出生在威尔士，在牛津大学接受教育，但他的职业生涯却与澳大利亚紧密相关。1882 年，他成为澳大利亚的一名地质测量员，1891 年成为悉尼大学的地质学教授。戴维对地质气候的历史特别感兴趣，并于 1900 年当选为英国皇家学会会员。在为沙克尔顿提供了很多帮助后，他应邀作为首席科学家加入“猎人号”探险队。在戴维的率领下，探险队员们首次登上了埃里伯斯火山。随后，他又率领团队第一次发现了南磁极。后来，戴维在第一次世界大战中作为军事隧道专家升至中校军衔，并于 1920 年被授予爵士爵位。事实上，直到 1934 年突然去世为止，在整个英联邦的科学领域，戴维一直是一位重要人物。

弗兰克·德本赫姆（1883—1959）：德本赫姆出生于澳大利亚新南威尔士州，被威尔逊选为“特拉·诺瓦号”探险队的地质学家。他的绰号是“德布”，后来于 1920 年与詹姆斯·沃迪和雷蒙德·普里斯特利一起创建了斯科特极地研究所，并担任该研究所的第一任所长。

埃德加·埃文斯（1876—1912）：绰号“塔夫”，出生于南威尔士的米德尔顿，于 1891 年加入英国皇家海军。埃文斯曾入选“发现号”探险队，并于 1904 年成为一名体能训练官和海军炮术教官，后来他还自愿参加了“特拉·诺瓦号”探险队。埃文斯于 1912 年 2 月 17 日在比尔德莫尔冰川去世，是斯科特的五人极点小分队的第一个牺牲者。

泰迪·埃文斯（1881—1957）：1896 年被选为“伍斯特号”训练舰的学员，从而加入英国皇家海军。1902 年，埃文斯说服克莱门茨·马卡姆爵士，让后者同意他担任救援船“晨曦号”的二副，后来该救援船在麦克默多湾找到了“发现号”。1910 年，埃文斯打算组建自己的南极探险队，但当他听到斯科特的新计划后，决定继续追随后者，加入“特拉·诺瓦号”探险队，并担任副队长。他在为探险队争取支持和筹集资金方面起到了重要作用。在罗斯冰障上，埃文斯差点死于坏血病，但在海军军士克林和拉什利的帮助下，他最终捡回一条命。探险结束后，埃文斯回到皇家海军，他在指挥“布罗克号”驱逐舰的时候成为英雄，于 1946 年晋升为海军上将，并被授予蒙特万斯勋爵（Lord Mountevans）的头衔，还加入了英国工党。

哈特利·T. 费拉尔（1879—1932）：哈特利·费拉尔接替辞职的 J.W. 格雷戈里博士，担任“发现号”探险队的地质学家。他在维多利亚地发现了早期植物群落的化石遗迹。

德米特里·格罗夫（1888？—1932）：格罗夫出生于西伯利亚东部，他曾帮助米尔斯为“特拉·诺瓦号”探险队挑选雪橇犬，然后一路将这些雪橇犬从西伯利亚运到新西兰，再运到南极。他本人也作为驯犬师加入了探险队。

特吕格弗·格兰（1889—1980）：格兰是由弗里乔夫·南森推介给斯科特的，他曾经打算自己组建一支探险队，但后来因为滑雪专长而入选了“特拉·诺瓦号”探险队。格兰是发现斯科特遇难帐篷的搜索队成员之一。后来，沙克尔顿曾试图说服他参加“坚忍号”探险队，但未能成功。

托马斯·维尔·霍奇森（1864—1926）：霍奇森在担任普利茅斯海洋生物协会实验室主任期间，作为一名生物学家加入了“特拉·诺瓦号”探险队，是探险队中两位年龄最大的成员之一。

伦纳德·赫西（1894—1965）：赫西于 1914 年在“坚忍号”探险队中担任气象学家。他还是一位才华横溢的音乐家，曾利用歌曲和班卓琴演奏来慰藉那些被困在象岛上的探险队员。

弗兰克·赫尔利（1886—1962）：弗兰克·赫尔利在 17 岁时买了他的第一台相机。他在风景摄影方面表现出特别的天赋，后来，他开始从事明信片业务并不断磨炼自己的摄影技能。1910 年，应澳大利亚同胞道格拉斯·莫森的邀请，赫尔利加入了澳大拉西亚南极探险队（Australasian Antarctic Expedition），并搭乘“极光号”于 1911—1914 年前往南极进行探险。在此期间，赫尔利拍摄了一系列出色的照片，还拍摄了记录这次探险的纪录片《暴风雪之家》。这引起了沙克尔顿的注意，在他的力邀下，赫尔利于 1914 年加入了“坚忍号”探险队。作为摄影师和电影摄像师，赫尔利表现出了惊人的毅力和坚定的决心，他所具有的杰出创造力和早年作为金属加工工人所受的专业训练也都在探险中发挥了巨大作用。1916 年，赫尔利重返南乔治亚岛，为他的记录电影《南方》拍摄了更多镜头，这部电影于 1919 年上映。

雷金纳德·詹姆斯（1891—1964）：詹姆斯作为物理学家加入了“坚忍

号”探险队的科学团队。

雷金纳德·科特利茨（1861—1916）：科特利茨曾自愿在1894年组建的杰克逊–哈姆斯沃思北极探险队中担任医生一职。1900年，科特利茨被任命为“发现号”探险队的首席外科医生和细菌学家。他是一个相当严肃的人物，也是队伍中最年长的成员，同伴们给他起了个绰号“肉饼”。

威廉·拉什利（1868—1940）：拉什利出生于汉普郡，在“发现号”探险船上担任首席司炉。拉什利强大的力量和可靠的性格使他在探险队中成为一位备受欢迎的人物。“发现号”探险队解散后，拉什利继续在奥斯本皇家海军学院担任教员，后来，他志愿参加了“特拉·诺瓦号”探险队。他和托马斯·克林一起，因为拯救了埃文斯的生命而被授予阿尔伯特奖章。

丹尼斯·G. 利里（1884—1963）：利里是“特拉·诺瓦号”探险队的生物学家。

克莱门茨·马卡姆爵士（1830—1916）：在海军服役期间，马卡姆爵士参加了1850—1851年的北极探险队，以寻找北极探险家约翰·富兰克林爵士，并于1875年追随探险家纳雷斯在北极海域航行，还登上了格陵兰岛。马卡姆爵士曾担任英国皇家地理学会主席（1893—1905），也是南极探险的积极倡导者，在他的鼎力支持下，斯科特于1901年被选为“发现号”探险队的队长。

乔治·马斯顿（1882—1940）：马斯顿出生在绍斯西，曾在伦敦接受教育并成为一位艺术教师。马斯顿作为艺术家加入了沙克尔顿的“猎人号”和“坚忍号”探险队，他记录下探险过程中发生的事情，还为探险队的官方记录作了插图。“坚忍号”探险队解散后，他加入英国乡村产业委员会，从1934年到1940年去世为止，他一直担任该委员会的主任。

道格拉斯·莫森爵士（1882—1958）：莫森出生在英国，却成为澳大利亚历史上最伟大的探险家之一，在欧内斯特·沙克尔顿邀请下，莫森作为地质学家加入“猎人号”探险队（1907—1909）。他与队内的科学小组一同参加了攀登埃里伯斯火山和寻找南磁极的旅程。随后，莫森于1911—1914年担任澳大拉西亚南极探险队的队长，并搭乘“极光号”重返南极。1912年，面对极端恶劣的自然条件，莫森所在的“远东分队”几乎全军覆没，他成为唯一一名幸存者，莫森在 1915 年首次出版的《暴风雪之家》一书中描述了这一情况。莫森于 1914 年受封为爵士，并于 1929—1930 年和 1930—1931 年率领英国、澳大利亚和新西兰南极考察队搭乘“发现号”再次重返南极进行探险。

塞西尔 · 米尔斯（1877—1937）：作为长期浪迹东方的旅行家、冒险家和商人，米尔斯于 1910 年被斯科特招入“特拉 · 诺瓦号”探险队内。斯科特派他去西伯利亚购置雪橇犬和矮马，然后再将它们运到新西兰，并最终转运至南极。米尔斯是这支英国探险队中唯一一位有经验的雪橇犬驭手。此外，他还在购买雪橇犬时说服了德米特里 · 格罗夫加入探险队。

乔治 · 穆雷 – 莱维克（1877—1956）：穆雷 – 莱维克是“特拉 · 诺瓦号”探险队的首席外科医生，也是 1912 年冬天被困在冰洞里的五名“北方分队”队员之一。此外，穆雷 – 莱维克还对阿代尔角的阿德利企鹅群进行了研究，他的《南极企鹅》（*Aotarctic Penguins*，1914）一书多年来一直是这方面的权威著作。

弗里乔夫 · 南森（1861—1930）：1893 年，挪威北极探险家和海洋生物学家南森乘坐特别设计的“弗拉姆号”驶向北极，希望能够一路漂流穿越北极点。虽然他最终未能到达目的地，但通过这次探险，人类获得了许多关于北冰洋的新知识，尤其是证明北极点是被海洋所包围着的。1897 年，南森首次出版了英译本的《极北之旅》（*Farthest North*）。

劳伦斯 · 爱德华 · 格雷斯 · 奥茨上尉（1880—1912）：奥茨被称为“提图斯”或“士兵”，是一位骑术专家。1900 年，奥茨中尉加入第六恩尼斯基伦龙骑兵团，并参加了布尔战争，在战场上他的左大腿遭受了严重的枪伤。这次受伤使他的腿短了一截，并间接导致他在探险中牺牲。鉴于奥茨对马匹十分熟悉，斯科特委派他去管理“特拉 · 诺瓦号”探险队的矮马，但将采购它们的任务交给了其他人。此外，奥茨还为这次探险提供了 1000 英镑的巨额捐款，并愿意免费为探险队服务。作为斯科特率领的最后一支探险队“极点队”的一员，他的身体遭受了沉重打击，包括严重的营养不良、冻伤，可能还有坏血病，这令他腿部的伤口突然恶化。1912 年 3 月 17 日，在返回大本营的途中，奥茨独自走出帐篷，毅然决然地牺牲了自己——这种伟大的精神将永远为人们铭记。奥茨也是唯一一位没有在战斗中阵亡却被军队永久纪念的军人。

安东·吕克什·奥梅尔琴科（1883—1932）：奥梅尔琴科出生于俄罗斯巴特基，他担任“特拉·诺瓦号”探险队的马夫，负责帮助奥茨驯养矮马。

哈利·彭内尔（1882—1916）：彭内尔是“特拉·诺瓦号”探险船的领航员。他是一位有天赋的业余博物学家，在探险的早期阶段，他曾作为威尔逊的助手，两人共同对南极野生鸟类展开研究。

赫伯特·乔治·庞廷（1870—1935）：赫伯特·庞廷是“特拉·诺瓦号”探险队的摄影师和电影摄像师。庞廷出生于索尔兹伯里，曾短暂地从事过银行业，但随即前往美国。一开始，他在美国从事放牧和采矿业，但从1900年起，他开始担任摄影师。庞廷游历了许多国家，拍摄了大量优秀的摄影作品，从此声名鹊起。到1909年，庞廷已经成为一名国际知名摄影师，慕名而来的斯科特聘请他担任“特拉·诺瓦号”探险队的“摄影艺术家”。庞廷被队员们亲切地称为“庞科”（Ponko），他以南极洲特有的光线和风景为灵感，拍摄了大量杰出的黑白摄影作品，至今仍然无人能够超越。在南极漆黑的冬夜里，庞廷常常利用幻灯片来展示他在日本和中国的有趣经历，以飨众人。作为第一位造访南极洲的专业摄影师，庞廷为这些早期探险队的经历提供了一份充满戏剧性且美丽的视觉记录。庞廷想跟随“极点队”一起向南极点发起冲刺，但未能获得斯科特的许可，因为仅仅依靠人力将沉重的摄影和摄像设备运抵极点是不现实的。回到英国后，庞廷制作了一部名为《南纬90度》的有声电影，由新时代公司发行，很快就成为关于南极探险的经典电影，此外，庞廷还于1921年出版《伟大的白色南方》一书，并配上很多他拍摄的照片作为插图。

查尔斯·W.罗森·罗伊兹（1876—1931）：查尔斯·罗伊兹出生在洛奇代尔，他遵循家族传统，加入了英国皇家海军，最初在“康沃尔号”上担任候补军官。1899年，罗伊兹加入“发现号”探险队，当时他的军衔是海军中尉，他随探险队一路向东旅行，穿越罗斯冰棚，以寻找南磁极。在这次探险中，罗伊兹取得了非凡的成就，罗伊兹角就是以他的名字命名的。罗伊兹去世时已经晋升为一名海军中将，他还因担任伦敦警察厅助理警察总监（Assistant Commissioner）而被册封为爵士。

乔治 · C. 辛普森博士（1878—1965）：辛普森是“特拉 · 诺瓦号”探险队的气象学家。

约翰 · 罗伯特 · 弗朗西斯 · 维尔德（1873—1939）：大家都叫他“弗兰克”。维尔德出生在北约克郡的斯凯尔顿。他在商船队工作了 11 年，后于 1900 年加入英国皇家海军。他从大约 3000 名海军申请者中脱颖而出，加入“发现号”探险队。后来，维尔德又被沙克尔顿选中，参加了“猎人号”探险队，并随队一起抵达了当时人类所能抵达的最南端——南纬 82 度 23 分。在道格拉斯 · 莫森于 1911—1914 年率领澳大拉西亚南极探险队搭乘“极光号”前往南极的旅途中，维尔德担任西部基地分队的队长。他的弟弟欧内斯特 · 维尔德（Ernest Wild）参加了帝国跨南极探险队，是命途多舛的“罗斯海分队”的一员，该分队有三人在探险中丧生，但欧内斯特 · 维尔德幸存了下来。凭借无比丰富的南极探险经验，以及对沙克尔顿的狂热崇拜，维尔德理所当然地成为“坚忍号”探险队的副队长。在等待救援期间，他一直坐镇象岛，指挥岛上的探险队员。后来，他陪同沙克尔顿搭乘“探索号”完成了后者的最后一次航行。

爱德华 · 艾德里安 · 威尔逊（1872—1912）：威尔逊是“发现号”探险队的助理外科医生。他是一位虔诚的教徒，也是一名技艺高超的艺术家，他的素描、速写和油画展现了壮美的南极景观，令人回味无穷。威尔逊极富同情心的性格很快使他成了维持团队精神和士气的关键人物。斯科特非常依赖他的建议、指导和精神支持。威尔逊后来加入“特拉 · 诺瓦号”探险队，担任科学主管和动物学家，还负责整个探险队的管理和福利。他无私的性格为自己赢得了“比尔叔叔”的绰号。最终，威尔逊自然而然地成为“极点队”的一员，在从南极点返回的途中与斯科特和鲍尔斯一同牺牲。

弗兰克 · 亚瑟 · 沃斯利（1872—1943）：弗兰克 · 沃斯利出生于新西兰的阿卡罗阿，于 1904—1914 年在英国皇家海军中担任预备军官，1914 年成为“坚忍号”的船长。在驾驶“詹姆斯 · 凯尔德号”前往南乔治亚岛的近 1300

千米航程中，他表现出了极为出色的导航和航海技术。在第一次世界大战中，沃斯利曾在两艘舰艇服役，并获得了优异服务勋章和指挥官级大英帝国勋章。1921 年，他与沙克尔顿一起搭乘“探索号”再次重返南极。

参考文献及延伸阅读

Alexander, Caroline, *The 'Endurance': Shackleton's Legendary Antarctic Expedition,* London, Bloomsbury Publishing (1999).

Amundsen, Roald, Sydpolen (*The South Pole*), Norway, Jacob Dybwabs Forlag (1912).

Arnold, HJP , *Photographer of the World: the Biography of Herbert Ponting*, London, Hutchinson (1969).

Bainbridge, Beryl, *The Birthday Boys*, London, Gerald Duckworth & Co. Ltd (1991).

Barnes, John, *Pioneers of the British Film*, London, Bishopsgate Press (1983).

Bickel, Lennard, *In Search of Frank Hurley*, London, Macmillan (1980).

Bickel, Lennard, *Shackleton's Forgotten Men, Boston*, Da Capo Press (2001).

Borchgrevink, C E, *First on the Antarctic Continent*, London, George Newnes (1901).

Bryan, Rorke, *Ordeal by Ice: Ships of the Antarctic*, New York, Sheridan House (2011).

Brownlow, Kevin, *The War, the West and the Wilderness*, London, Secker & Warburg (1979).

Cherry-Garrard, Apsley, *The Worst Journey in the World*, London, Carroll & Graf (1922).

Feeney, Robert E, *Polar Journeys: the role of food and nutrition in early exploration*, Alaska, University of Alaska Press (1998).

Fiennes, Sir Ranulph, *To the Ends of the Earth*, North Carolina, McNally & Loftin Publishers (1983).

Fiennes, Sir Ranulph, *Mind over Matter*, London, Sinclair-Stevenson Ltd (1993).

Fiennes, Sir Ranulph, *Captain Scott*, London, Hodder & Stoughton (2003).

Foreign and Commonwealth Office/British Antarctic Survey, *Antarctica (Schools Pack)*, London (1999).

Fuchs, Sir Vivian and Hillary, Sir Edmund, *The Crossing of Antarctica*, London, Cassell (1958).

Fuchs, Sir Vivian, *Of Ice and Men*, Shrewsbury, Anthony Nelson (1982).

Fuchs, Sir Vivian, *A Time to Speak*, Shrewsbury, Anthony Nelson (1990).

Gran, Tryggve, *The Norwegian with Scott*, London, Stationery Office Books (1984).

Hempleman-Adams, David, *Toughing it Out*, London, Orion Books (1998).

Hempleman-Adams, David, *Walking on Thin Ice*, London, Orion Books (1999).

Huntford, Roland, *Shackleton*, London, Hodder & Stoughton (1985).

Huntford, Roland, *Scott and Amundsen [republished as The Last Place on Earth]*, London, Hodder & Stoughton (1979).

Huntford, Roland, *The Amundsen Photographs*, London, Hodder & Stoughton (1987).

Hurley, Frank, *Argonauts of the South*, New York, G. P. Putnam's Sons (1925).

Huxley, Elspeth, *Scott of the Antarctic*, New York, Atheneum Books (1977).

Jarvis, Tim, *Shackleton's Epic: Recreating the World's Greatest Journey of Survival*, London, William Collins (2013).

Larsen, Edward J, *An Empire of Ice: Scott, Shackleton, and the Heroic Age of Antarctic Science*, New Haven, Yale University Press (2011).

Limb, S and Cordingley, P, *Captain Oates: Soldier and Explorer*, London, B. T. Batsford (1982).

Locke, Stephen, *George Marston: Shackleton's Antarctic Artist*, Hampshire, Hampshire County Council (2000).

Mawson, Sir Douglas, *The Home of the Blizzard*, London, William Heinemann (1915).

Mills, Leif, *Frank Wild, Whitby*, Caedmon of Whitby (1999).

Ponting, Herbert, *The Great White South*, London, Duckworth & Co. (1921).

Preston, Diana, *A First Rate Tragedy: Captain Scott's Antarctic Expeditions*, London, Constable & Robinson (1997).

Riffenburgh, Beau, *Nimrod: Ernest Shackleton and the extraordinary story of the 1907-09 British Arctic Expedition*, London, Bloomsbury Publishing (2004).

Riffenburgh, Beau and Cruwys, Liz, *The Photographs of H. G. Ponting,*

Discovery Gallery (1998).

Savours, Ann, *Scott's Last Voyage: through the Antarctic Camera of Herbert Ponting*, London, Sidgwick & Jackson Ltd (1974).

Savours, Ann, *The Voyages of the 'Discovery': The Illustrated History of Scott's Ship*, London, Virgin Books (1992).

Scott, RF *The Voyage of the 'Discovery'*, London, John Murray (1905).

Scott, RF (ed Huxley, Leonard), *Scott's Last Expedition*, New York, Dodd, Mead and Company (1913).

Shackleton, Sir Ernest, *Aurora Australis*, privately published (1908).

Shackleton, Sir Ernest, *The Heart of the Antarctic*, London, William Heinemann (1909).

Shackleton, Sir Ernest, *South*, London, Century Publishing (1919).

Solomon, Susan, *The Coldest March. Scott's Fatal Antarctic Expedition*, New Haven, Yale University Press (2001).

Spufford, Francis, *I may be some time: Ice and the English Imagination*, London, Faber & Faber (1996).

Stroud, Mike, Shadows on the Wasteland, New York, Overlook Books (1994).

Thomas, Lowell, *Sir Hubert Wilkins: His World of Adventure*, New York, McGraw-Hill (1961).

Tyler-Lewis, Kelly, *The Lost Men. The Harrowing Story of Shackleton's Ross Sea Party*, London, Bloomsbury Publishing (2006).

Wheeler, Sara, *Cherry: A Life of Apsley Cherry-Garrard*, London, Vintage/Ebury (2002).

Wheeler, Sara, *Terra Incognita*, London, Vintage (1997).

Wilson, EA (ed. Savours, Ann), *The Diary of the 'Discovery' Expedition to the Antarctic Regions* (1901-1904), London, Blandford Press (1966).

Worsley, Frank A, *Shackleton's Boat Journey*, London, Hodder & Stoughton (1940).

Recommended websites

Antarctic Co-operative Research Centre, www.acecrc.org.au

Antarctic Philately, www.south-pole.com

Australian Antarctic Division, www.antarctica.gov.au

British Antarctic Survey, www.bas.ac.uk

Byrd Polar Research Center, https://bpcrc.osu.edu

Cheltenham Art Gallery and Museum, www.cheltenhammuseum.org.uk

Council of Managers of National Antarctic Programs, www. comnap.aq

Discovery Point, www.rrsdiscovery.com

Edinburgh University Library, www.ed.ac.uk/informationservices/library-museum-gallery

Engineering Electronic Library, Sweden (EELS), http://vlib. ustuarchive.urfu. ru/storon/ellib_sveden/index.html

Endurance, wwwde.kodak.com/US/en/corp/features/endurance/home/index. shtml

National Library of Scotland, www.nls.uk

National Maritime Museum, Greenwich, London, www.rmg.co.uk

Natural Environment Research Council, www.nerc.ac.uk

Norwegian Polar Institute, www.npolar.no/en

Office of Polar Programs at the National Science Foundation, www.nsf.gov/div/index.jsp?div=OPP

Royal Geographic Society, www.rgs.org

Scientific Committee on Antarctic Research, www.scar.org

Scott Polar Research Institute, University of Cambridge, www.spri.cam.ac.uk

Shackleton's Antarctic Odyssey, https://www.pbs.org/wgbh/nova/shackletonexped

Shetland Museum, www.shetland-museum.org.uk

West Antarctic Ice Sheet Initiative, www.waisworkshop.org

索引